Detection and Diagnosis of Power Transformer Mechanical Defects

变压器机械缺陷
检测与诊断

郑一鸣　主　编

邵先军　王文浩　何文林　副主编

中国电力出版社
CHINA ELECTRIC POWER PRESS

内 容 提 要

本书以电力变压器运行状态多源数据为基础，围绕电力变压器机械缺陷在线监测、预警及精确诊断技术方面存在的突出问题，在变压器机械缺陷预警、机械缺陷精准诊断及机械缺陷动态评估与风险预警等关键技术领域开展了深入研究。本书共六章，主要内容包括电力变压器结构与常见缺陷类型、电力变压器机械缺陷模型、变压器机械缺陷精准检测技术、变压器机械缺陷在线监测技术、在运变压器机械缺陷动态评估技术、变压器抗机械缺陷能力提升。

本书适合从事变压器状态监测、评估和诊断的电网设备运维检修和管理人员、科学研究人员、高等院校电气工程等相关专业的研究生阅读和参考。

图书在版编目（CIP）数据

变压器机械缺陷检测与诊断/郑一鸣主编 . —北京：中国电力出版社，2022.11
ISBN 978-7-5198-6559-7

Ⅰ. ①变… Ⅱ. ①郑… Ⅲ. ①变压器—缺陷检测②变压器故障—故障诊断 Ⅳ. ①TM407

中国版本图书馆 CIP 数据核字（2022）第 035101 号

出版发行：中国电力出版社
地　　址：北京市东城区北京站西街 19 号（邮政编码 100005）
网　　址：http://www.cepp.sgcc.com.cn
责任编辑：畅　舒
责任校对：黄　蓓　李　楠
装帧设计：赵丽媛
责任印制：吴　迪

印　　刷：北京九天鸿程印刷有限责任公司
版　　次：2022 年 11 月第一版
印　　次：2022 年 11 月北京第一次印刷
开　　本：710 毫米×1000 毫米　16 开本
印　　张：11.25
字　　数：197 千字
定　　价：58.00 元

编　委　会

前　言

变压器绕组变形是变压器事故损坏的主要形式，大型电力变压器动态机械稳定性降低和电力系统短路电流的不断增大，导致短路故障引起的电力变压器损坏事故不断发生，造成巨大的经济损失和电网风险。对运行中的电力变压器绕组变形状态进行在线诊断，开展变压器动态机械稳定性的评估分析工作，及时发现变压器绕组的异常、故障及损伤，动态评估运行中变压器的机械稳定性，不仅可以预防变压器突发事故的发生，而且能够改变定期停工维修为状态维修，从而延长变压器寿命，大大降低运行和维护成本。本书以电力变压器运行状态多源数据为基础，围绕电力变压器机械缺陷在线监测、预警及精确诊断技术方面存在的突出问题，在变压器机械缺陷预警、机械缺陷精准诊断及机械缺陷动态评估与风险预警等关键技术领域开展了深入研究，项目以解决生产实际问题为导向，以电力变压器多维信息融合为技术突破口，以电力变压器绕组机械状态预警、诊断和评估为途径，以设备风险分级和运检策略优化为落脚点，完善了变压器绕组机械缺陷在线监测和精准诊断体系，推动了智能运检水平，实现了覆盖全寿命周期的变压器动态抗短路能力预警和检修策略优化。

由于编者水平有限，书中难免有不妥或纰漏之处，恳请读者批评指正。

编　者

2022 年 8 月

目　录

第一章 变压器结构与常见缺陷类型

第一节 概　　述

电力工业是国民经济发展的命脉。一方面为国民经济的繁荣做出重要贡献，另一方面其发展程度又影响着人民大众的日常生活幸福指数，维系着社会的稳定。电力变压器作为电力系统输变电过程的关键设备，承担着电压变换、电能分配和输送等任务，它运行工作状况是否满足要求将直接影响到整个电力系统的安全、可靠、优质、经济运行。因此，必须最大限度地防止和减少变压器故障和事故的发生。但电力变压器在长期运行过程中故障和事故总是无法完全避免，而引发故障和事故又出于众多方面的原因，如外力的破坏和影响，不可抗拒的自然灾害，安装、检修、维护过程中存在的问题以及制造过程中遗留的设备缺陷等。特别是电力变压器长期运行后造成的绝缘老化、材质劣化及预期寿命的影响，已成为电力变压器故障的主要因素。此外，部分工作人员业务素质不高、技术水平不够或违章作业等，都会造成事故或导致事故的扩大，从而危及电力系统的安全运行。

电力变压器属于静止电气设备，按照不同的使用条件，其电压等级、容量、结构及冷却方式等也不一样。目前市场上主流的电力变压器为充油式油纸绝缘、充 SF_6 气体绝缘和环氧树脂干式绝缘三种绝缘方式。容量较大的充 SF_6 气体和环氧树脂干式电力变压器还处于研究与开发阶段，实际上国内外的高电压、大容量电力变压器、电抗器、电流互感器等仍普遍采用充油式绝缘。根据三相绕组结构及调压方式，35～1000kV 充油电力变压器可按表 1-1 大致分类。

表 1-1　　　　　　　　　充油电力变压器的分类

电压等级（kV）	绕组结构	调压方式
35	三相双绕组	无励磁调压、有载调压
110	三相双绕组 三相三绕组	无励磁调压、有载调压

电压等级（kV）	绕组结构	调压方式
220	三相双绕组 三相三绕组	无励磁调压、有载调压（自耦）
330	三相双绕组 三相三绕组	无励磁调压、有载调压（自耦）
500	单相双绕组 单相三绕组 三相双绕组	无励磁调压、有载调压（自耦）
750	单相双绕组 单相三绕组 三相双绕组	无励磁调压、有载调压（自耦）
1000	单相三绕组	无励磁调压

　　一般认为，充油电力变压器容量为 630kVA 以下的属小型变压器，800～6300kVA 的变压器属中型变压器，8000～63000kVA 的变压器为大型变压器，9000kVA 及以上的统称为特大型变压器。国内外生产的充油电力变压器的主绝缘大多采用油-屏障绝缘结构，其绝缘结构系统如图 1-1 所示。

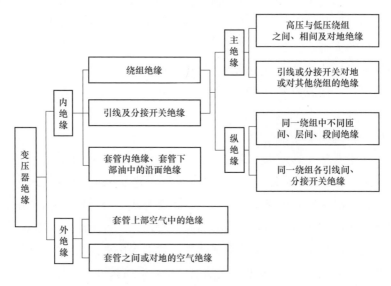

图 1-1　充油电力变压器绝缘的分类

第二节　电力变压器的基本结构

　　充油电力变压器主要由绕组（一次和二次）、铁芯、油箱、底座、高低压套管、引线、散热器（或冷却器）、净油器、储油柜、气体继电器、分按开关筹组件或附件组成，如图 1-2 所示。

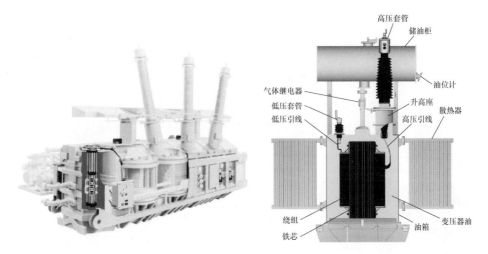

图 1-2　电力变压器基本结构

一、绕组

绕组是电力变压器中最重要和最复杂的部件，它基本上决定了电力变压器的容量、电压、电流和使用条件，如图 1-3 所示。由于变压器在运行中不仅要承受运行电压的长时作用，而且还要受到大气过电压和操作过电压的冲击，因此在设计和制造时的电气强度必须留有足够的裕度。变压器发生短路故障时还要承受强大短路电流的冲击，因此，绕组也要能承受住强大电磁力的冲击。

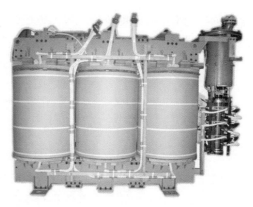

图 1-3　变压器绕组

电力变压器的绕组由一、二次绕组及绕组间的绝缘、对地主绝缘和由燕尾垫块、撑条构成的油道及其高低压引线构成，如图 1-3 所示。根据充油电力变压器的容量及电压等级，常采用的绕组有层式绕组（圆筒式、箔式）和饼式绕组（连续式、纠结式、内屏屏蔽式、螺旋式）两大类。圆筒式绕组由于层间绝缘厚，机械强度和冷却效果差，多用在 35kV 电力变压器高压绕组中。纠结式绕组的抗冲击绝缘强度比连续式高，一般 60kV（66kV）及以上电压等级电力变压器的高压绕组采用纠结连续式绕组，而 220kV 及以上电压等级的变压器多用全纠结式绕组。除此之外，低损耗电力变压器常用箔式和螺旋式绕组，而内屏蔽式绕组只有在 110kV 及以上的高电压大容量变压器采用。

图 1-4　变压器铁芯

二、铁芯

变压器的铁芯由高导磁的硅钢片叠积和钢夹件夹紧而成，构成了变压器的骨架，如图 1-4 所示。当变压器一次绕组接入电源时，交流电压在一次绕组中产生的励磁电流将在铁芯中感应出变化的磁通，该主磁通以铁芯为闭合回路，在二次绕组中感应出交变电动势，并在负载中流过交流电流。

三、引线

变压器的引线将外部电能传入到变压器中，同时又将其电能从变压器输出。因此，引线既要负载电流并满足电场要求，又要保证变压器结构的稳定性。由于引线的曲率半径小，表面电荷密度大，电场强度高，易产生局部放电，因此高压引线采用的圆导线直径不宜过小。此外因短路的持续时间极短，设计时通常不考虑引线的散热问题，但引线有纸包绝缘，通常以长期负荷温升作为导线截面选取的主要条件。

四、分接开关

分接开关是用来连接和切断变压绕组的分接头，如图 1-5 所示，实现对变压器调压，使电网供给用户稳定的电压并控制电力潮流或调节负荷电流。按照调压时带负载与否可分为无载分接开关和有载分接开关两类。

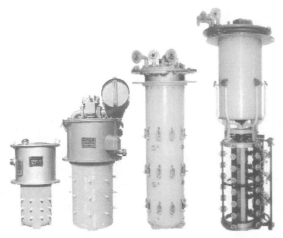

图 1-5　分接开关

五、套管

套管包括带电和绝缘两部分，它与绕组和电网连接，承担着不同电压等级之间的电能传输，如图 1-6 所示。套管的绝缘结构决定于绕组的电压等级，通常分为外绝缘和内绝缘。外绝缘一般为瓷套，内绝缘由绝缘油、附加绝缘和电容型绝缘等组成。带电部分包括导电杆（管）、电缆或铜排。35kV 及以下电压等级一般用纯瓷绝缘导杆式套管和纯瓷绝缘穿缆式套管，110kV 及以上电压等级采用电容绝缘式套管。

图 1-6　套管

六、冷却装置

变压器在运行中因损耗产生的热量由冷却装置散发，根据变压器的结构和容量不同，常采用的冷却方式主要有：油浸自冷（ONAN）、油浸风冷（ONAF）、强迫油循环风冷（OFAF）、强迫油循环水冷（OFWF）、强迫导向油循环风冷（ODAF）、强迫导向油循环水冷（ODWF），如图 1-7 所示。

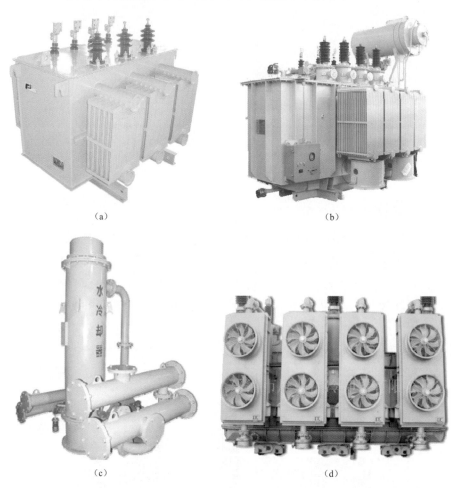

图 1-7　冷却装置

（a）油浸自冷；（b）油浸风冷；（c）强迫油循环水冷；（d）强迫导向油循环风冷

第三节　电力变压器的典型故障类型

大型充油电力变压器的故障涉及面广而复杂多样，特别是在运行中发生的故障很难以某一判据诊断出故障的类型及性质。运行变压器常见故障的划分方法通常有：① 按变压器本体可分为内部故障和外部故障，即把油箱内发生的相间短路、绕组匝间短路等称为内部故障，而油箱外部发生的套管内络、引出线间的相间短路等故障称为外部故障；② 按变压器结构可分为绕组故障、铁芯故障、油质故障、附件故障；③ 按回路可分为电路故障、磁路故障、油路故障；④ 按故障发生的部位可分为绝缘故障、铁芯故障、分接开关故障、套管故障等；⑤ 按故障性质可分为过热故障和放电故障。因此，很难以某一标准规范划分变压器故障的类型。

一、变压器短路故障

变压器短路故障主要指变压器出口短路、内部引线或绕组间对地短路及相与相之间发生的短路而导致的故障。变压器正常运行中由于受出口短路故障的影响而遭受损坏的情况较为严重。据有关资料统计，近年来一些地区 110kV 及以上电压等级的变压器遭受短路故障电流冲击直接导致损坏的事故，约占全部事故的 50%以上。出口短路对变压器的影响，主要包括以下两个方面：

（1）短路电流引起绝缘过热故障。变压器突发短路时，其高、低压绕组可能同时通过超过额定电流数十倍的短路电流，导致变压器绝缘材料严重受损，造成变压器击穿及损毁事故。变压器的出口短路主要包括三相短路、两相短路、单相接地短路和两相接地短路等几种类型。据资料统计表明，在中性点接地系统中，单相接地短路约占全部短路故障的 65%，两相短路占 10%～15%，两相接地短路占 15%～20%，三相短路约占 5%，其中以三相短路时的短路电流值最大。

（2）短路电动力引起绕组变形故障（见图 1-8）。变压器受短路冲击时，绕组产生轻微变形，如果不及时检修，恢复垫块位置，紧固绕组的压钉及铁轭的

图 1-8 短路故障

拉板、拉杆，加强引线的夹紧力，在多次短路冲击后，由于累积效应也会导致变压器绕组失稳损坏。

二、变压器内部放电故障

变压器内部的放电故障通常按放电的能量密度分为局部放电、火花放电和电弧放电三类，其中局部放电故障是引起火花放电或电弧放电故障的前兆。

（1）局部放电故障。局部放电故障是指运行电压作用下，变压器绝缘结构内部发生非贯穿性局部放电现象。放电的部位通常在固体绝缘内的空穴、电极尖端、油角间隙、油与绝缘纸板中的油隙或油中沿固体绝缘的表面等处。局部放电的能量密度不大，但一旦发展将会形成高能量放电，并导致绝缘击穿或损坏。

局部放电的能量密度可通过放电产生的油中溶解特征气体组分含量来辨识，能量密度在 $10^{-9}C$ 以下时，总烃不高，主要气体组分有 H_2，并占总烃含量的 80%~90%，其次是 CH_4；能量密度在 10^{-8}~$10^{-7}C$ 时，H_2 含量相应降低，出现 C_2H_2，但 C_2H_2 在总烃中占比不到 2%。

（2）火花放电故障。火花放电故障是指当变压器内部某一金属部件接触不良并处于高、低压电极之间的部位时，因阻抗分压而在该金属部件上产生对地的悬浮电位导致放电的现象。调压绕组在分接开关转换极性时的短暂瞬间，套管均压球和无载分接开关拨插等高电位处，铁芯叠片磁屏蔽及紧固螺栓与地连接松动脱落等低电位处，以及高压套管端部接触不良等均会形成悬浮电位而引起火花放电。此外，变压器油中的水分、受潮的纤维等也会由于形成杂质"小桥"而引起火花放电。

火花放电的能量密度一般大于 $10^{-6}C$，不会引起绝缘的快速击穿，其油中溶解的故障特征气体主要组分为 H_2 和 C_2H_2。

（3）电弧放电故障（见图 1-9）。变压器绕组匝间绝缘击穿、引线断裂或对地内络、分接开关飞弧等，将引起电弧放电故障。电弧放电属高能放电，放电能量密度大、产气急剧，可使绝缘纸穿孔、烧焦、碳化、金属材料变形或熔化。

电弧放电故障具有突发性，往往会造成变压器或部件烧损，甚至发生爆炸事故。出现电弧放电故障后，油中溶解特征气体的主要组分为 H_2、C_2H_2，其次是 CH_4、C_2H_4 和 C_2H_6；若电弧放电故障波及固体绝缘时，油中溶解气体还有 CO、CO_2 组分。

三、变压器绕组故障

绕组故障包含绕组受潮，绕组层间、匝向、股间、相间、高低压绕组间发

图 1-9　电弧放电故障

生接地、断路、短路、击穿或烧毁，系统短路和冲击电流造成绕组机械损伤或绕组内部组件变形等。从大量的事故统计来看，纠结式绕组的故障最多，连续式和螺旋式绕组次之；普通导线发生的故障最多，组合导线、换位导线、多股导线次之。

（1）匝间短路故障。近几年来随着绕组形式的改进和绝缘的加厚，绕组的匝间（股间）短路故障在运行中得到了一定抑制，但在变压器绕组短路故障中仍以匝间短路最多。主要表现：绕圈制作时操作不当，造成匝间绝缘损伤；导线的匝绝缘不够，匝间工作场强增高，耐受不住长期工作电压或短时冲击电压作用，长期运行使绝缘老化、变形、松脆；局部高温造成流油死角或油道堵塞而加速绝缘老化；电动力的作用使部分线匝发生轴向或辐向位移，导致绝缘磨损而形成穿越性短路，长期过载运行下绕组导线过热而使绝缘变脆；各种过电压和过电流作用下，绝缘性能劣化；绕组发生局部放电等电气故障而引发绕组匝间短路；箱体内油少而使绕组露出油面，导致冷却变差而过热也会形成绕组短路。

（2）相间短路故障。在中小型变压器中，两相绕组引线上的软铜接线卡相碰引起相间短路较多；在大型变压器内，若偶然有金属丝之类的导体，也会将两相线匝绝缘划破而构成短路；当分接开关错位严重时，也将导致两相分接开关短路而烧坏，引起两相绕组相间短路。

（3）绕组股间短路故障。在用多股导线并绕的绕组中，常发生股间短路，其主要原因有：因导线质量问题导致外绝缘层包绕不均，甚至导线裸露；在绕制过程中因弯曲、毛刺等使匝间绝缘受损伤，卡线过紧或换位不当导致线拧绞或刮伤导线绝缘；在压装及整形过程中，挤伤并绕导线间的绝缘层。

（4）绕组变形故障（见图 1-10）。致使绕组变形的原因，主要是绕组机械结构强度不足、绕制工艺粗糙、承受正常容许的短路电流冲击能力和外部机械冲击能力差。此外电力变压器在运输、装配或运行过程中肯定会受到摩擦力或电动力的作用和机械碰撞，这些碰撞和摩擦会导致绕组发生轻微变形（如轴向、径向尺寸变化、位移等）使得变压器绕组在遭受短路冲击流过较大短路电路时，由于电磁力等效应使得绕组发生扭曲或是鼓包等其他变形现象。

    检查发生故障或事故的变压器，进行事后分析，发现电力变压器绕组变形是诱发多种故障和事故的直接原因。一旦变压器绕组已轻微变形而未被诊断出来仍继续运行，由于累积效应则极有可能导致事故的发生，造成主变压器停电或烧毁变压器。

图 1-10   绕组变形故障

四、变压器铁芯故障

    大量的事故分析表明导致铁芯故障的主要原因有：铁芯组件中铁质夹件松动或损伤而碰接铁芯、压铁松动引起铁芯振动和噪声、铁芯接地不良或夹心烧坏、铁芯片间绝缘老化、铁芯安装不正或不齐造成空洞及铁芯片叠装不良造成铁损增大而使铁芯发热等。

    （1）铁芯多点接地故障。变压器处于运行状态时，铁芯和夹件等金属构件在绕组周围强磁场中产生感应电势，因铁芯距绕组的距离不等而形成电位差。绕组与油箱间的电场中因电容分布不均而使电场强度各异，使得铁芯对地电位较高。因此，为了防止铁芯产生断续的充放电现象，铁芯必须有一点可靠接地。若在运行中出现铁芯两点或多点接地，将导致铁芯及变压器产生一系列故障。

    此外，一些制造过程中的人为因素也会造成铁芯多点接地故障，如油箱中留有铁钉、焊条头、短钢丝，甚至工具等金属异物使铁芯叠片与箱体连通，变压器安装完后未将油箱顶盖上，用于运输的定位销翻过来或去掉等都曾引起过多起铁芯多点接地故障。

（2）铁芯过热故障。通常变压器绕组短路、过载运行、油循环不畅或箱内油量少、油劣化、铁芯本身接地不良及异常接地、铁芯片间短路或铁芯局部短路、铁轭螺杆接地、铁芯漏磁等都会引起变压器铁芯过热故障。

铁芯局部过热故障部位基本上都在铁芯和夹件上（见图 1-11）。如果运行中的变压器出现铁芯过热，特别是发生局部过热故障时，将产生特征气体 CH_4、H_2、C_2H_2、C_2H_6。

图 1-11　铁芯故障

五、变压器分接开关故障

充油变压器有载分接开关的故障主要有：因密封不严使潮气侵入而导致绝缘性能降低，过渡电抗或电阻在切换过程中被击穿或烧断，导致触头间的电弧引发故障，因滚轮卡死使分接开关停在过渡位置而造成相间短路，切换开关油室密封不严而造成变压器本体渗漏，选择开关分接引线与静触头的固定绝缘杆变形等。如图 1-12 所示。

图 1-12　分接开关故障

真空式有载分接开关切换开关内的转换触头不具备熄弧能力，一旦真空管因漏气等发生失效，极易造成级间短路的情况，造成分接开关损坏，并引起变压器重瓦斯跳闸事故。

第四节　电力变压器故障检测技术

国内有关变压器历年统计资料以及 CIGRE 工作小组关于大型电力变压器故障的统计报告表明，因绕组变形、绕组和铁芯压紧松动等引起的机械故障是变压器故障的主要组成部分。特别是突发短路事故时，短路冲击电流会引起强大的电动力从而破坏变压器绕组的机械强度和动稳定性。因此变压器绕组状态的检测与故障诊断对保证电网的安全、优质、稳定及经济运行具有十分重要的意义。

变压器故障的检测技术是准确诊断故障的主要手段。根据相关试验规程主要包括以下几个项目：油中溶解气体分析、直流电阻检测、绝缘电阻及吸收比和极化指数检测、绝缘介质损耗等。

变压器绕组发生变形故障后，绕组的电气量、部件几何尺寸及温度等参数会出现异常，与正常工作状态时的特征量相比会有差别。根据这些特征量的变化反映绕组的状态，产生了几种检测绕组变形故障的方法。但是，这些检测方法，没有形成衡量特征量规则来判断绕组变形的程度，而是根据长时间积累的经验来评估绕组变形的程度、确定变形的具体位置。

当电力变压器绕组因承受短路电流而出现故障后，电力部门往往先进行常规试验项目来检测变压器状况的直流电阻、绝缘电阻及吸收比和极化指数检测、绝缘介质损耗检测，并结合局部放电试验、油中溶解气体的色谱分析（dissolved gas analysis，DGA）来判断电力变压器的绝缘情况。

根据检测经验表明，常规电气试验项目及 DGA 并不能准确地检测和判断电力变压器绕组的变形性缺陷。对于吊罩检查，虽然较为直观，可以明显看到绕组的状况，但是吊罩检查需要花费大量的人力、物力，且有时仍然不能判断较为微小的绕组变形。为了满足电力系统的要求，弥补常规测试项目和吊罩检查存在的不足，国内外研究人员对探究更有效地绕组变形测试方法方面开展了大量理论和试验研究，逐步形成了以下几种检测方法。

一、短路阻抗法

低电压短路阻抗法是由苏联学者提出，基于测量工频低压下油浸式电力变压器绕组的短路阻抗，以此来检测绕组的变形、短路和位移等故障。

短路阻抗值可以理解为当变压器的所带负荷为零时绕组高压侧的等效阻抗。短路阻抗反映了绕组与油箱之间、绕组与绕组之间由漏磁通构成的感应磁势。短路阻抗由两部分组成：电阻分量和电抗分量。对于大型电力变压器（110kV 及其以上电压等级），短路阻抗中的电阻分量很小，电抗分量占短路阻抗的绝大部分。此时的短路电抗分量，实际上就是变压器高压绕组的漏电抗。变压器绕组的物理尺寸决定了其漏电抗（短路电抗），当频率一定时，变压器短路阻抗值随着绕组物理结构的改变而改变，因此可以从短路阻抗的变化研究绕组的变形状况。其测试原理如图 1-13 所示。

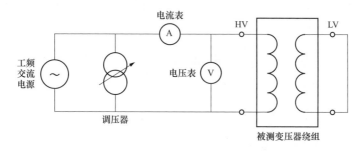

图 1-13　短路阻抗法测试接线图

为了在现场测试方便，实际的短路阻抗法多是采用低电压、小电流的测试方式进行，如果想提高灵敏度只能采用高压、大电流的测试方式。须动用较为笨重的大型试验设备和大容量的试验电源，试验时间较长。

低电压短路阻抗法的缺点：

（1）检测时电源的谐波干扰：测试仪器需具备良好的滤波性能，因为实验用的电源包含各种谐波，其中，高次谐波对低电压短路阻抗的测试值干扰最大。

（2）检测时电源电压的不稳定性干扰：短路阻抗是感性的，即其电流相位角滞后于电压相位角，而在一个检测周期中电压基波分量出现改变时，电流没有同步出现改变，进而导致检测结果出现偏差。

（3）检测现场环境干扰：检测现场的同频干扰大部分是因为变压器周边电气设备的电晕干扰和检测设备所用的 220V 交流电源耦合到检测回路所发生的影响。

二、低压脉冲法

低压脉冲法是波兰学者 Lech 和 Tyminski 提出的，其基本检测原理是将一个稳定的低压脉冲信号注入变压器绕组的一端，分别记录变压器绕组两端或其他绕组端口的电压、电流响应，如图 1-14 所示。比较两次测试得到的激励电压和响应电压的相似度，判断绕组是否发生变形。如果变压器绕组发生明显的变形，那么绕组相应变形位置处的电磁传播路径或耦合方式发生改变，在输入端施加脉冲电压的激励作用下，绕组输出端的响应电压波形也会随之变化。

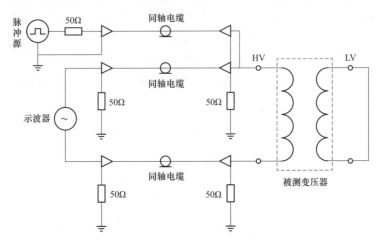

图 1-14　低压脉冲法测试接线

目前，国际 IEC 及 IEEE 均有低压脉冲法的测试标准或电力变压器短路试验导则。然而，由于在测试过程中易受各种电磁干扰及脉冲稳定性的影响，可重复性较差。此外，低压脉冲法对绕组首端位置的故障响应不灵敏，容易对首端的绕组变形产生误判。整体来看，该方法灵敏度较低，抗干扰能力差，不适合推广应用。

三、频率响应分析法

频率响应分析法（FRA）是从波兰学者 Lech 和 Tyminski 于 1966 年提出的低压脉冲法发展而来的。为了改善其缺陷，在 1978 年，加拿大科学家 E.P.Dick 和 C. C. Erven 首次公布频率响应分析法。当前，FRA 常应用于外部检测电力变压器绕组工作情况和机械结构，其在世界各地得到广泛采用并向带电检测逐步过渡。频率响应分析法基于绕组的频率变化来判断变压器绕组的工作情况，因为变压器的结构一经固定，则它绕组的相关参数和频率响应曲线也就固定。如果变压器绕组发生短路和变形等状况的时候，电力变压器的电容、电感等参数和频率响应曲线也将随之出现变化。

频率响应分析法工作原理：在频率较高的情况下，变压器绕组可以等值为一个由电容、电感等分布参数所组成的两端口网络（电阻很小，可忽略不计），其等效电路如图 1-15 所示。将输入激励与输出响应建立函数关系，并逐点描绘出反映变压器绕组特性的传递函数特性曲线。当变压器结构固定时，变压器绕组的参数和函数曲线也就随之确定，当变压器内部发生变化时，其绕组的分布参数就会发生改变，相应的函数曲线也会随之改变。

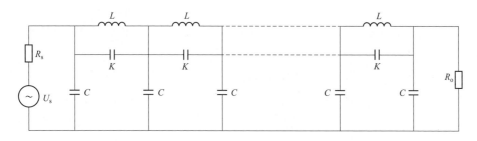

图 1-15　频率响应法的变压器绕组等效电路模型

频率响应法接线示意如图 1-16 所示。正常运行的变压器绕组，三相频谱特性相关性好。若发生事故未造成绕组变形，事故前后的曲线应基本重合。绕组变形后，事故前后的曲线明显偏离且不重合，相关性差。变形时在较低频段 0.5～200kHz 的曲线峰值点会发生平移，或增频，或减频，峰值点对应幅值分贝数也会改变，峰值点数目一般会减少。

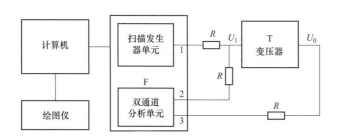

图 1-16　频率响应法测量接线图

F—频响分析仪；T—被测变压器；R—匹配电阻；1—扫频输出；2、3—响应输入

频率响应分析法对比于低压脉冲法，避免了仪器笨重和测试结果重复性差等缺点，降低了电磁干扰的影响，可重复性较好，且可以较为直观地分析频率响应曲线，测试灵敏度较高。目前，该方法已在国内外变压器运行和生产部门得到推广应用，并取得了一定成效。但该方法对变压器绕组发生严重变形检测较为灵敏，但是对诸如绕组垫块松动、预压紧力减小等轻微变形检测效果不佳。

频率响应分析法的缺点及相应解决方案：

（1）伴随频率值的逐渐增大，试验所用引线的杂散电容对试验最终值影响较大。

解决方案：为保证测试结果精确性，所用引线的长度要尽量短，同时在重复测量时引线长度不能改变。

（2）测试仪器地线要求要可靠，否则会对谐振点波峰位置和幅值有干扰。

解决方案：每个信号检测端所选用的接地线必须稳固的与明显接地端子相连，同时也要保证接地线满足正常使用即可，切记不能过长并且线不能有任何的纠缠。

（3）选择不同的并联电阻对测量频率范围的覆盖范围效果不同。

解决方案：测量响应电流的时候，会在响应端并联合适的电阻，如果需要检测高频段（＞1MHz）出现的微小形变时，则需并联阻值更小的电阻才能达到最好的效果。

（4）变压器套管端部的引线对最终检测值干扰很严重。

解决方案：需要在试验前断开接在变压器套管端部的每一根引线，如果实在无法断开的话，可以考虑将响应端更换成套管末屏抽头。

四、电容量变化法

电容量变化法的基本原理：如果将电力变压器绕组看作一个由电容、电感、电阻和电导构成的复杂电网络，那么，绕组与绕组之间、绕组对箱体之间、绕组对铁芯之间的相对位置及变压器绕组的物理几何构造等可通过绕组的等值电容量宏观地体现出来。变压器各个绕组的等值电容量在其生产和组装以后可以认为是一个常数，且受其温度、油中气体、油中水分、绝缘材料的老化程度影响较小。

若变压器内部出现连接线脱落，或是局部放电引起变压器油老化，会引起变压器绕组等效电容的改变。因此电容量变化不仅仅是对绕组状态的反应，更是对变压器内部整体状态的评估。研究表明，变压器绕组的电容值变化小于5%的时候，表明变压器绕组状态良好；若变化范围在10%左右时则变压器的绕组可能发生了中等略轻微的变形；如果变化超过了15%，则可以认为绕组发生了严重变形。但是只有在绕组结构或上述相对位置发生较大变化后，等值电容量才会发生明显的变化。

从其测试原理可以看出，等值电容量法的现场测试简单方便、工作量小，易于分析。但是，由于变压器绕组的等值电容量反映的是变压器绕组整体的状态，不能体现绕组变形的详细信息，且本身具有一定的测试分散性，因此对绕组变形的灵敏度较低，只能作为一种补充检测方法。

五、超声波检测法

超声波检测变压器绕组变形的基本原理：在变压器外壳箱壁上某一位置贴上超声波探头，并保证超声波探头的中心对准被测绕组，同时确保探头与器身紧密接触。超声波发射电路同步发出信号，使超声波探头同时发射超声波。超声波在变压器内部以纵波模式进行传播，在穿过钢壁、变压器油后到达变压器绕组，并在变压器绕组的绝缘与铜表面交界处发生反射，同样，反射回波穿过变压器油、变压器箱壁外壳，经一定路径到达超声接收探头并产生接收电脉冲信号。

绕组铜表面上的任何一点到变压器器身的距离，都是一个恒定值，若绕组发生凹进、凸出或者移位等异常故障，超声波的整体传播距离会变化，传输时间也相应变化。通过两次测试的时间 t，就可以得知绕组是否变形以及变形程度。

超声波检测绕组变形的原理较为简单，易于实现，结果判别方法直观，重复性也较好。然而，此方法与超声波传播的介质状态有较大关系，即与变压器油的理化性能有关，经研究发现试验结果受油温的影响较大。因此，目前该方法还有待于进一步完善和发展。

六、振动检测法

在运送和装配过程中，电力变压器肯定会受到摩擦力的作用和机械碰撞，这些碰撞和摩擦会导致绕组变形（如轴向及径向尺寸变化、位移、扭曲、鼓包等）。运行中的变压器遭受突发短路后，其绕组可能首先发生松动或轻微变形。

大量的试验研究结果和现场运行经验表明，变压器绕组变形具有累积效应。对运行中的变压器来说，如果对于其绕组的松动和变形不能及时发现和修复，那么在变压器绕组的松动和变形累积到一定程度后，会使变压器绕组的机械稳定性受到很大影响，其抗短路能力大幅下降，而在遭受较小的冲击电流下，也会引发大的事故发生。此外，运行中的变压器的油纸绝缘的老化也会使绕组发生渐进性的松散失稳现象，从而导致变压器的抗短路能力下降而使变压器存在潜在的事故隐患。因此，运行中的变压器经历了外部短路事故后或运行一段时间后的例行试验与检修中，如何有效地检测出变压器绕组是否存在松动和变形，进而判断变压器是否需要检修处理就显得尤为重要，这是保障变压器安全运行的一个重要手段。

目前变压器绕组变形检测的常规试验项目中，频率响应分析法与短路阻抗法对变压器绕组发生较明显的变形情况较为适宜，但对绕组发生轻微变形，尤其是当变压器运行中受到短路冲击或长期自身振动而发生轴向压紧力减小松动时的情形并不敏感。从已有的因短路而损坏的变压器绕组来看，绝大部分绕组呈现出松动的状态，即变压器由于长期运行中的振动或短路冲击作用，首先形成的是变压器绕组的松动，进而产生绕组变形及松散失稳。因此，变压器的绕组松动与变形等早期故障隐患的及时检测，可有效避免变压器事故的发生。此外，电网中的变压器种类繁多，生产厂家更是各不相同，不同的变压器绕组结构形状都不同，承受短路冲击的能力也不一样，形形色色的变压器在电网中受到短路冲击后，其绕组变形的程度往往相差较大。因此，对变压器绕组变形程度做出准确判断，成为用电管理部门和现场运行人员急需解决的问题。

振动分析法从变压器绕组的机械结构特征出发，将其视为一个由质量、刚度、阻尼等组成的机械结构体，则当绕组结构或受力发生任何变化时，都可以从它的机械动力学特性上即振动特性上得到反映。绕组振动通过变压器内部结构连接件传递到变压器箱体，所以变压器箱体表面检测得到的振动信号，与变压器的绕组振动特性有密切的关系，因此，变压器箱体表面的振动信号分析，可以作为变压器绕组故障诊断的一个途径。与现有的短路阻抗法或频率响应分析法等电气测量法相比较，振动检测法的最大优点是可通过吸附在变压器箱壁上的振动传感器来获得变压器的振动信号，且振动信号与绕组的机械动力特性密切相关。只要绕组的机械特性（如结构变形、预紧力松动等）发生变化，都可以从它的振动特性变化上得到反映，可及时发现绕组的早期故障隐患，及时制定检修策略，避免重大事故发生。变压器振动检测传感器部署方式和检测系统如图 1-17 所示。

图 1-17　变压器振动检测传感器部署方式和检测系统

振动检测法相比于如短路阻抗法、频率响应法等，其最大的优点是通过粘在变压器器身上的振动传感器获取振动信号来监测绕组及铁芯状况，与整个电力系统没有电气连接，对整个电力系统的正常运行无任何影响，具有安全可靠和实时监测的优势。

第二章 电力变压器机械缺陷模型

由于变压器结构的特殊性，目前利用仪器无法得到变压器绕组的分布参数情况，因此本章利用大型有限元软件 ANSYS 对变压器绕组模型的分布式参数进行研究。

第一节 变压器绕组变形等效物理模型

一、绕组变形模式的实验室模拟

模拟是一台型号为 SY-50/10 的户外式三相试验变压器模型，容量为 50kVA，额定电压为 10/0.38kV，额定电流为 2.88/75.9A。其 A、B、C 三相绕组高压侧抽头数均为 48 个，低压侧抽头数为 9 个，两侧抽头均匀抽出。实验时，通过吊罩装置将变压器上端外壳、铁芯及绕组一并拉起，通过在抽头串、并接电容电感等模拟绕组故障；同时，为解决变压器实验过程中 Δ/Y 型灵活换接问题，本模拟中高低压绕组首末端分别经套管引出出线（高低压总共 12 个出线端）。变压器 CAD 设计图如图 2-1 所示。

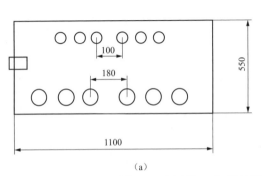
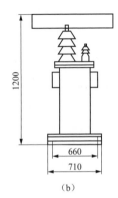

(a)　　　　　　　　　　　　(b)

图 2-1　变压器 CAD 设计图（一）

（a）俯视图；（b）侧视图

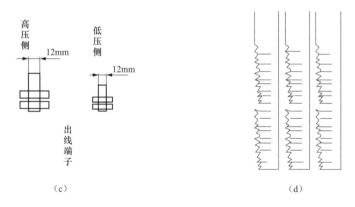

（c） （d）

图 2-1 变压器 CAD 设计图（二）

（c）出线端子设计图；（d）绕组抽头

图 2-2（a）～（d）分别为试验变压器低压侧抽头、高压侧抽头、出线套管和主视图。

（a） （b）

（c） （d）

图 2-2 试验变压器

（a）低压侧抽头；（b）高压侧抽头；（c）变压器出线套管；（d）主视图

本试验变压器制造所用材料、工艺与系统中的电力变压器类似，具体包括油箱、铁芯、绕组、高低压套管等部分。其中，高低压绕组首末端经出线套管引至油箱顶部；此外，油箱外壁还设有放油阀、操作窗、接地端子、YSF835/25压力释放阀等部件。

本试验变压器可以在实验室模拟实际运行中发生的各种类型、不同程度以及不同位置的故障，例如，当变压器某相绕组发生径向位移时，移动的部分与变压器外壳、铁芯及其他健全相间的电容量将发生明显变化，这时，只需在试验变压器对应位置的抽头与地及相邻绕组间并接合适电容电感即可；又如，当变压器绕组在短路电流作用下发生局部压缩时，可等效为故障部分绕组轴向长度变短，其相应分布电容将发生改变，可以通过并接电容进行模拟；而对于匝间短路的故障形式，仅需通过导线将待模拟部位的抽头连接即可。该试验变压器的出厂数据如表 2-1～表 2-4 所示。

表 2-1　　　　　　　　　　　　变 压 器 变 比 测 定

变比测定	U_{AB}/U_{ab}	U_{BC}/U_{bc}	U_{AC}/U_{ac}
	25.40	25.48	25.58

表 2-2　　　　　　　　　　　　变 压 器 绕 组 电 阻 值

电阻测定	高压绕组（Ω）			低压绕组（Ω）		
	R_{AB}	R_{BC}	R_{AC}	R_{ab}	R_{bc}	R_{ac}
	11.82	11.85	11.68	0.0468	0.0480	0.0471

表 2-3　　　　　　　　　变 压 器 绝 缘 电 阻 及 工 频 耐 压 测 定

项目	高压对低压	高压对地	低压对地
绝缘电阻	2500V，2500MΩ	2500V，2500MΩ	2500V，2500MΩ
工频耐压	35kV，60s	35kV，60s	5kV，60s

表 2-4　　　　　　　　　　　变 压 器 空 载 短 路 实 验

空载试验		短路试验	
空载电流（%）	空载损耗（W）	75%短路损耗（W）	75%阻抗电压（%）
2.1	192	820	1.44

二、绕组变形模式的分布参数变化研究

扫频阻抗法作为一种新型的检测技术，需要一定的理论基础作为支撑，因此，在前期的工作中，按照上文试验变压器的尺寸建立了 1:1 的 ANSYS 模型

（见图 2-3），计算了变压器绕组的各个部位在正常及故障下（如绕组的局部鼓包、由预压紧力减小引起的轴向松动等）分布参数的定量变化情况，为下面的实验工作提供了理论依据。

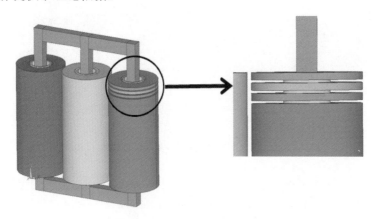

图 2-3　变压器三维 ANSYS 模型

如图 2-3 所示，此模型包含了变压器的外壳、铁芯及全部绕组。为了准确地反映变压器各个绕组在不同位置发生不同类型与程度的故障时其相应分布参数的变化情况，在每次计算过程中将相关绕组沿轴向平均分为十五个子单元，每三个一组，最上面的三个子绕组用于模拟上端故障，同理其余十二个子绕组分别模拟中部与下部的故障。这样，对于实际情况中出现的径向位移、轴向松动或是鼓包等故障，只需将故障发生位置上的子绕组沿相应方向移动即可模拟。图 2-4 及图 2-5 所模拟的为

径向位移

图 2-4　变压器径向位移故障模拟图

绕组局部鼓包等径向位移故障及预压紧力减小等引起的轴向位移故障。

为了在实验室变压器上进行故障模拟，需要知道不同故障下的分布参数情况，因此对径向位移故障及轴向位移故障发生时的变压器分布参数变化进行了仿真研究。

1. 径向位移变压器绕组分布参数变化

根据以上有限元模型可以仿真得到发生径向位移时的变压器绕组间的电容、电阻和漏感变化情况，并利用该变化最终对实体模型进行故障模拟，仿真

结果具体如下：

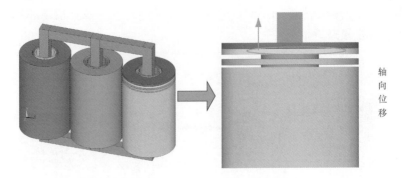

图 2-5　变压器轴向位移故障模拟图

（1）电阻变化情况。将高压绕组上中下端发生径向位移时的电阻变化情况，利用有限元仿真进行求取，结果如图 2-6 所示。

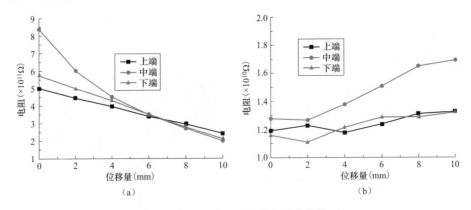

图 2-6　发生径向位移时的电阻变化情况

（a）A 相高压绕组子单元与 B 相；（b）A 相高压绕组子单元与地间电阻

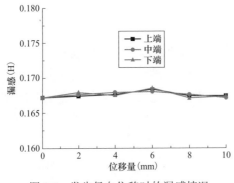

图 2-7　发生径向位移时的漏感情况

从图 2-6 中可以看出，当高压绕组发生径向位移时，其上中下端子单元与 B 相绕组电阻，随着两者距离的接近，在不断减小，而子单元对地电阻则基本不变。同时可知其位移较大的距离，绕组间依然保持着较大电阻。

（2）漏感变化情况。从图 2-7 中可以看出，当高压绕组发生径向位移时，其上中下端漏感随着位移距离的增大，基本不变。

（3）电容变化情况。由图 2-8 可以看出，当高压绕组上中下端发生径向位移时，其 A 相高压绕组子单元与 B 相高压绕组间电容随着位移距离的增大，会发生数值的上升；而发生位移的子单元对地电容则基本不变。

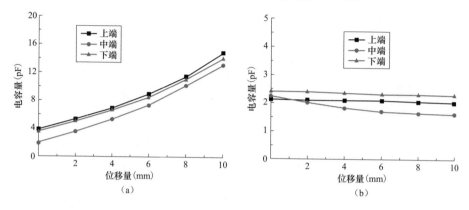

图 2-8　发生径向位移时的电容情况

（a）A 相高压绕组子单元与 B 相绕组间的电容；（b）A 相高压绕组子单元对地电容

综上可知，当高压绕组发生径向位移时，其绕组间电阻虽有较大变化，但其数量级过高，对低频与中高频扫频阻抗曲线基本没有影响，可忽略其变化。漏感和子单元对地电容基本不变，但 A 相高压绕组子单元与 B 相高压绕组间电容变化极为明显，在中高频段会造成扫频阻抗曲线的变化，因此文中模拟高压绕组径向位移故障，只需在实验时将一定量的电容连接于变压器 A、B 相高压绕组的上端、中端及下端之间即可。

2. 轴向位移变压器绕组分布参数变化

根据该有限元模型可以仿真得到发生轴向位移时的变压器绕组间的电容、电阻和漏感变化情况，并根据该变化最终对实体模型进行故障模拟，仿真结果具体如下：

（1）电阻变化情况。从图 2-9 中可以看出，当高压绕组发生轴向位移时，其上中下端子单元与相邻子单元及地间的电阻，随着位移距离的增大，在不断减小。同时可知其位移较大的距离，依然能够在绕组间保持较大电阻。

（2）漏感变化情况。从图 2-10 中可以看出，当高压绕组发生轴向位移时，其上中下端漏感随着位移距离的增大，基本不变。

（3）电容变化情况。由图 2-11 可以看出，当高压绕组发生轴向位移时，其上中下端相邻子单元间电容随着位移距离的增大，会发生较大的变化；而发生位移的子单元对地电容则基本不变。

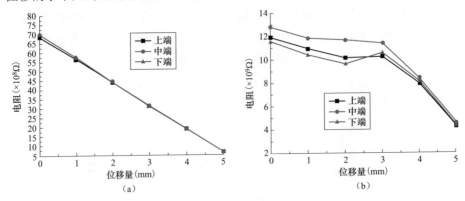

图 2-9　发生轴向位移时的电阻变化情况

（a）A 相高压绕组相邻子单元间电阻；（b）A 相高压绕组子单元与地间电阻

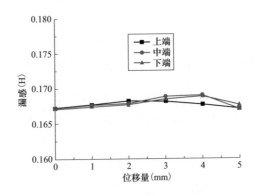

图 2-10　发生轴向位移时的漏感情况

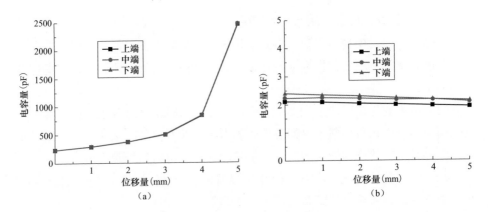

图 2-11　发生轴向位移时的电容情况

（a）A 相高压绕组子单元间的电容；（b）A 相高压绕组子单元对地电容

综上可知，当高压绕组发生轴向位移时，其绕组间电阻虽有较大变化，但其数量级过高，对低频与中高频扫频阻抗曲线基本没有影响，可忽略其变化。漏感和子单元对地电容基本不变，但子单元间电容变化极为明显，在中高频段会造成扫频阻抗曲线的变化，因此文中模拟高压绕组轴向位移故障，只需在实验时将一定量的电容并接于变压器高压绕组的上端、中端及下端即可。

有了以上仿真分析，便可知道当绕组的不同位置发生不同类型与程度的故障时，其对应分布参数的具体变化情况，这样就为后面通过串并联电容电感进行故障模拟打下了理论基础。

第二节　变压器等效物理模型建立与仿真优化

由于实验室的绕组故障皆为利用电容、电感和电阻串并联绕组进行模拟，并不能非常全面的展现绕组故障的分布参数情况，因此为了进一步研究各类测试手段和变形故障特性信号的变化情况，提出更为准确的绕组变形判据，有必要在实验室同时建立基于110kV变压器结构的可模拟各类绕组变形故障的变压器物理模型。

一、110kV 变压器典型结构参数的等效性研究

目前抗短路能力较差的110kV变压器大多数为1990～1999年间生产。为了保证电网的安全运行，对于该种110kV变压器需要进行更为深入和详细的研究。因此，该项目依据1990～1999年间110kV电力变压器的典型阻抗参数，构建了3台参数一致的10kV单相双绕组变压器模型，以其中一台变压器作为参照物，在另两台变压器的高、低压绕组上分别模拟绕组位移、不等高、匝间短路、鼓包、翘曲等变形故障。其中，绕组变形故障模型的主要参数如下：

相别：单相；

绕组类型：双绕组；

联结组别：I0i0；

额定电压：高压侧10kV，低压侧220V，全绝缘结构；

额定容量：30kVA；

绝缘类型：油浸式；

高压分接范围：无载，0～3×2.5%；

短路阻抗：短路阻抗为10.5%，按照1990～1999年间110kV变压器短路阻抗参数要求设计；

电容、电感量：与110kV变压器参数等比例缩放；

高压套管形式：大量文献指出变压套管对绕组故障的判定具有一定的影响，且110kV变压器基本都采用电容性套管，因此为了使测试结果与实际变压器更为接近，该项目中的变压器等效模型也采用电容型套管。

其中，1号变压器作为参考物，用于对比分析，同时可以用于模拟不同位置不同程度的匝间短路故障，以及可以通过改变电容、电感值研究电容、电感参数的变化对绕组变形测试结果的影响。

2号变压器用于模拟绕组轴向位移及绕组鼓包类型的绕组故障。变压器绕组设计时，使高低压绕组上下部绝缘端圈相互独立。其中高压绕组上下部绝缘端圈与铁芯之间使用紧固螺栓压紧。通过调节高压绕组上下部的紧固螺钉可以调节高压绕组的高度，从而实现高低压绕组的轴向位移，其中高压绕组位移的范围为0~23mm。改变绕组的轴向位移会对变压器带来如下影响：

（1）改变两个绕组的轴向短路力；

（2）降低变压器的抗短路能力；

（3）降低绕组轴向稳定性。

同时，该变压器模型高低压绕组之间主绝缘设计距离为53.5mm，由一道10mm厚的低压绕组外撑条、两道2mm厚度围屏、两道18mm厚撑条、一道2mm厚高压绕组绝缘筒及1.5mm的装配间隙构成，如图2-12所示。为了形成全绕组的鼓包，在2号变压器绕组装配完成后抽取靠近高压绕组那道18mm撑条中的一条，在原撑条位置处加垫2mm纸板之后打入厚25mm撑条，使得高压绕组向外凸起，低压绕组向内凹陷，从而实现全绕组的鼓包。此变形总量在9mm左右，在变压器绕组上设置鼓包故障后将会给变压器带来如下的影响：

（1）降低变压器的抗短路能力；

（2）降低绕组辐向稳定性；

（3）绕组受力不均匀，降低绕组机械性能；

（4）改变了高低压之间的绝缘距离。

3号变压器用于模拟翘曲类型的绕组变形故障，高压绕组绕制时完成后对其出头范围处轴向施加一定的压力，使线圈变形形成翘曲，翘曲最大处为4mm。翘曲改变了饼间的绝缘距离，使其饼间的抗短路能力下降，如图2-13所示。

该变压器容量为30kVA，其中高压侧共有4个分接开关位置，由高到低分别称为X1、X2、X3、X4，即X1为最大分接头，X4为额定档分接头，其中四个分接头之间相差64匝线圈，如图2-14所示。

图 2-12　110kV 变压器等效物理模型

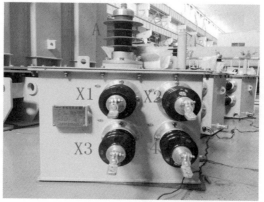

图 2-13　变压器等效物理模型外部结构

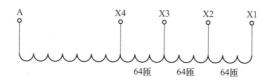

图 2-14　高压绕组结构

二、正常变压器模型

1 号变压器为参考变压器用于对比分析，即正常变压器，其内部结构没有发生机械性变化。根据 CAD 设计图，构建该变压器的 ANSYS 模型，如图 2-15 所示。

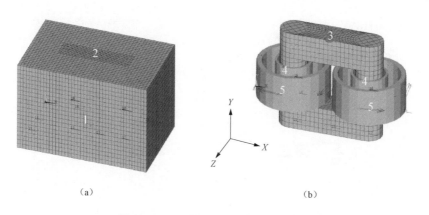

（a）　　　　　　　　　　　　　　　　（b）

图 2-15　1 号变压器 ANSYS 电感模型

（a）外层油箱；（b）内部绕组与铁芯

图 2-15（a）为变压器外部油箱，为了得到更加准确的结果，油箱被分为两部分进行网格划分，其中由于 1 部分的结构较为规则，所以采用扫略划分；2 部分处于铁芯附近，且空间结构较为复杂，因此使用自由划分。图 2-15（b）为变压器内部绕组与铁芯，根据图中可知 3 为铁芯、4 为低压绕组、5 为高压绕组，其中 5 高压绕组分为两部分，一部分位于绕组外侧其体积较小，通过移动可用于模拟翘曲故障情况；另一部分体积较大，通过移动可用于模拟位移故障。

由于变压器结构较为复杂，求取其电容集中参数时，需要采用自由网格划分，且将其高压绕组分为 4 部分，每部分代表 3 层绕组，如图 2-16 所示。

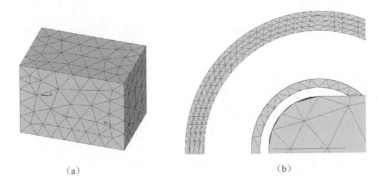

（a） （b）

图 2-16　1 号变压器 ANSYS 电容模型

（a）油箱划分；（b）绕组划分

对以上变压器进行仿真后，可得该变压器各组件间的电容集中参数，如图 2-17 所示。

图 2-17　绕组内部结构

根据集中电容仿真模型，得到其部分电容集中参数，其中在 ANSYS 中数字 12 为地，如表 2-5 所示。

表 2-5　　　　　　　　　　　　绕组内部电容集中参数

变压器型号	电容集中参数（F）					
	左侧低压绕组对地（10 与 12）	左侧高压绕组对地（5 与 12）	左侧高压绕组对低压绕组（2 与 10）	右侧低压绕组对地（11 与 12）	右侧高压绕组对地（9 与 12）	右侧高压绕组对低压绕组（6 与 11）
1 号	0.18561E-11	0.35581E-10	0.36236E-10	0.18715E-11	0.35600E-10	0.36215E-10

经过上面的仿真模型，可得到正常变压器绕组等效漏感，如表 2-6 所示。

表 2-6　　　　　　　正常变压器绕组等效漏感

变压器型号	等效短路漏感（H）	变化率（%）
1 号	2.1653	0

三、鼓包及轴向位移故障模型的建立及优化

1. 初始 2 号变压器分布参数情况

根据以上关于 2 号故障变压器的具体描述，可知 2 号变压器为鼓包与位移故障。为了简化该故障变压器的三维模型，对其进行如下处理：

2 号变压器的高压绕组轴向位移，在仿真中可将 5 高压绕组向 Y 方向平移 13mm 用于模拟。对于该变压器的鼓包故障，由于是使六个撑条间隙中的一个再扩大 9mm，所以表现在绕组上主要为两个高压绕组向$-X$ 方向移动 4.5mm，两个低压绕组向 X 方向移动 4.5mm，其故障状态如表 2-7 及图 2-18 所示。

表 2-7　　　　　　　　　　变 压 器 状 况

变压器状况	轴向上移（mm）	位移距离（mm）
正常（1 号变压器）	0	0
鼓包与位移故障（2 号变压器）	13	9

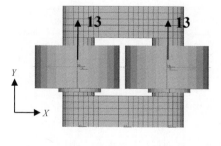

（a）

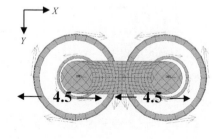

（b）

图 2-18　2 号变压器 ANSYS 电感模型

（a）轴向位移；（b）径向位移

2 号变压器的 ANSYS 电容模型，如图 2-19 所示。

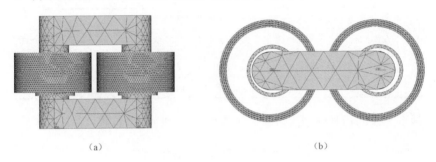

(a)   (b)

图 2-19 2 号变压器 ANSYS 电容模型

(a) 轴向位移；(b) 径向位移

利用上面的电感和电容仿真模型，能够得到变压器鼓包及轴向位移故障发生时的电感和电容参数变化情况，如表 2-8 和表 2-9 所示。

表 2-8   初始 2 号变压器绕组内部电容集中参数

变压器型号	电容集中参数（F）					
	左侧低压绕组对地（10 与 12）	左侧高压绕组对地（5 与 12）	左侧高压绕组对低压绕组（2 与 10）	右侧低压绕组对地（11 与 12）	右侧高压绕组对地（9 与 12）	右侧高压绕组对低压绕组（6 与 11）
1 号	0.18561E-11	0.35581E-10	0.36236E-10	0.18715E-11	0.35600E-10	0.36215E-10
2 号（初始）	0.18937E-11	0.35768E-10	0.36657E-10	0.20041E-11	0.35063E-10	0.36584E-10

表 2-9   初始 2 号变压器绕组等效漏感

变压器型号	等效短路漏感（H）	变化率（%）
1 号	2.1653	0
2 号（初始）	2.1642	−0.0508

通过表 2-8 和表 2-9 可知，按照原始 CAD 草图制作的故障变压器的绕组等效短路漏电抗及等效电容变化不大，并不能有效表现变压器的鼓包及位移故障情况，因此需对该故障变压器的设计进行适当调整。

2. 优化后 2 号变压器分布参数情况

为了使出现鼓包及位移故障的变压器等效模型更具代表性，对其结构进行了一定的调整，具体为鼓包故障保持 9mm 不变，而位移故障则变为两高压绕组轴向向上 23mm，其故障情况如表 2-10 及图 2-20 所示。

表 2-10　　　　　　　　优 化 后 变 压 器 状 况

变压器状况	轴向上移（mm）	位移距离（mm）
正常（1 号变压器）	0	0
优化后鼓包与位移故障（2 号变压器）	23	9

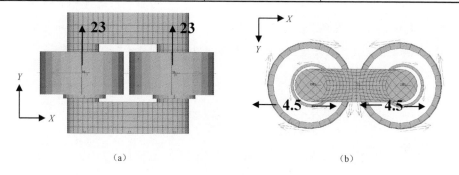

（a）　　　　　　　　　　　　　　　　　（b）

图 2-20　优化后 2 号变压器仿真模型

（a）轴向位移；（b）径向位移

　　根据以上仿真结构，能够得到修改后的变压器鼓包及轴向位移故障的电感和电容参数变化情况，如表 2-11 和表 2-12 所示。

表 2-11　　　　　优化后 2 号变压器绕组内部电容集中参数

变压器型号	电容集中参数（F）					
	左侧低压绕组对地（10 与 12）	左侧高压绕组对地（5 与 12）	左侧高压绕组对低压绕组（2 与 10）	右侧低压绕组对地（11 与 12）	右侧高压绕组对地（9 与 12）	右侧高压绕组对低压绕组（6 与 11）
1 号	0.18561E-11	0.35581E-10	0.36236E-10	0.18715E-11	0.35600E-10	0.36215E-10
2 号（优化后）	0.20975E-11	0.35681E-10	0.35939E-10	0.22285E-11	0.34956E-10	0.35866E-10

表 2-12　　　　　　优化后 2 号变压器绕组等效漏感

变压器型号	等效短路漏感（H）	变化率（%）
1 号	2.1653	0
2 号（优化后）	2.1916	1.2146

　　通过表 2-11 和表 2-12 可知，当 2 号实体变压器进行鼓包与轴向位移故障优化后时，其漏感变化扩大为 1.2%，且左右侧低压绕组对地电容参数也会发生较明显的变化。

四、翘曲故障模型的建立及优化

1. 初始 3 号变压器分布参数情况

根据以上关于 3 号故障变压器的具体描述，可知翘曲故障为高压线圈的绕制完成后对其出头范围处轴向施加一定的压力，使线圈变形形成翘曲，翘曲最大处为 4mm，该翘曲位于抽头 X3-X1 之间。具体为 3 号变压器的翘曲位于图 2-20 右侧高压绕组 5 最外层，因此在仿真中可将右侧高压绕组 5 最外层向 Y 方向平移 4mm，如图 2-21 所示。

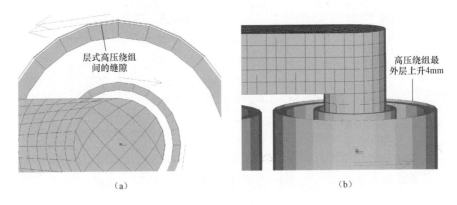

图 2-21　3 号变压器 ANSYS 电感模型

（a）右侧绕组俯视图；（b）右侧绕组正视图

且初始 3 号变翘曲故障电容参数仿真模型，如图 2-22 所示。

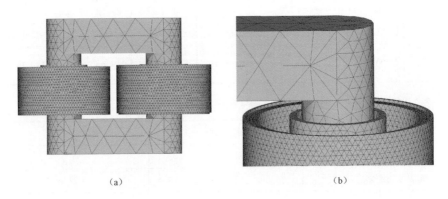

图 2-22　3 号变压器 ANSYS 电容模型

（a）正视图；（b）侧视图

利用上面的电感和电容仿真模型，能够得到变压器电容和电感参数变化情况，如表 2-13 和表 2-14 所示。

表 2-13 初始 3 号变压器绕组内部电容集中参数

变压器型号	电容集中参数（F）					
	左侧低压绕组对地（10 与 12）	左侧高压绕组对地（5 与 12）	左侧移动高压绕组于正常（5 与 4）	右侧低压绕组对地（11 与 12）	右侧高压绕组对地（9 与 12）	右侧移动高压绕组于正常（9 与 8）
1 号	0.18561E-11	0.35581E-10	0.39140E-08	0.18715E-11	0.35600E-10	0.39143E-08
3 号（初始）	0.18546E-11	0.35587E-10	0.39156E-08	0.18483E-11	0.35185E-10	0.38310E-08

表 2-14 初始 3 号变压器绕组等效漏感

变压器型号	等效短路漏感（H）	变化率（%）
1 号	2.1653	0
3 号（初始）	2.1642	−0.0508

通过表 2-13 和表 2-14 可知，当 3 号实体变压器产生 CAD 图上的翘曲时，其漏感及等效电容基本不变，因此该故障也需要进行进一步优化。

2. 优化后 3 号变压器分布参数情况

为了使翘曲故障更具典型性，对 3 号变压器进行了一定的调整，具体为左铁芯柱上的高压绕组最外层线圈全部轴向向上翘曲 4mm，右铁芯柱上的高压绕组最外层线圈全部轴向向下翘曲 4mm，且两者皆径向外扩 4mm。具体仿真为 3 号变压器的翘曲位于图 2-20 两侧高压绕组最外层，因此在仿真中可将左右两侧高压绕组 5 最外层向 Y 方向平移 4mm，同时两者直径扩大 4mm，如图 2-23 所示。

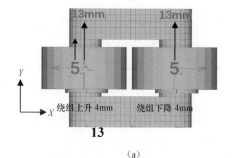
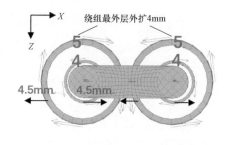

（a） （b）

图 2-23 3 号变压器 ANSYS 电感模型

（a）右侧绕组俯视图；（b）右侧绕组正视图

且优化后 3 号变压器的翘曲故障电容参数仿真模型，如图 2-24 所示。

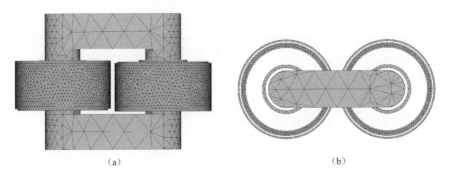

（a）　　　　　　　　　　　　　　　　　（b）

图 2-24　3 号变压器 ANSYS 电容模型

（a）正视图；（b）侧视图

利用上面的电感和电容仿真模型，能够得到变压器电容和电感参数变化情况，如表 2-15 和表 2-16 所示。

表 2-15　　　　　　　　　　优化后 3 号变压器绕组内部电容集中参数

变压器型号	电容集中参数（F）					
	左侧低压绕组对地（10 与 12）	左侧高压绕组对地（5 与 12）	左侧移动高压绕组于正常（5 与 4）	右侧低压绕组对地（11 与 12）	右侧高压绕组对地（9 与 12）	右侧移动高压绕组于正常（9 与 8）
1 号	0.18561E-11	0.35581E-10	0.39140E-08	0.18715E-11	0.35600E-10	0.39143E-08
3 号（优化后）	0.17798E-11	0.37526E-10	0.61448E-09	0.18064E-11	0.37923E-10	0.61441E-09

表 2-16　　　　　　　　　　优化后 3 号变压器绕组等效漏感

变压器型号	等效短路漏感（H）	变化率（%）
1 号	2.1653	0
3 号（优化后）	2.1585	−0.31

通过表 2-15 和表 2-16 可知，将 3 号实体变压器的翘曲故障进行优化后，其漏感和等效电容都会发生较为明显的变化。

本章利用 ANSYS 仿真软件研究了变压器分布参数变化与绕组变形之间的关系，从而发现利用实验室内的变压器通过串并联电阻、电容及电感能够用来模拟绕组变形的情况。同时，为了更深入地研究变压器故障后，各种检测方法的特征变量情况，本章又设计了 3 台变压器等效物理模型，其中包括鼓包及位移故障和翘曲故障，通过 ANSYS 仿真研究发现初始变压器故障改变的分布参数并不明显。因此，将 2 台故障变压器进行了适当的结构调整，经过仿真后可知该优化调整过的变压器能够较好地表现变压器鼓包、位移及翘曲故障。

第三章　变压器机械缺陷精准检测技术

扫频阻抗法结合了短路阻抗法和频率响应法的优点，既可以测试到绕组短路阻抗，又在宽频段给出了绕组的阻抗特性曲线，对微小变形具有较好的灵敏度，此外扫频阻抗曲线反映了绕组在宽频带范围内的阻抗变化规律，这给绕组故障诊断提供了很好的解释机制。本章通过仿真结合实验，在理论上分析了扫频阻抗法的优势及其灵敏度问题，并对于不同故障类型对绕组的阻抗特性曲线的影响规律进行系统地讨论，并通过对扫频阻抗曲线的分析，提出了极值点偏移率的概念，用于绕组故障判别。

第一节　扫频阻抗测试技术仿真研究

一、扫频阻抗法测试原理

扫频阻抗法很好地结合了频率响应分析法和短路阻抗法的优点，在测试原理和分析方法上实现了突破，测试时除可得到变压器绕组的频率响应特性曲线外，还可同时计算并拟合出受试绕组短路阻抗/相位-频率特征曲线；采用该测试方法，可在扫频阻抗曲线上获得 50Hz 下的变压器短路阻抗值，其与铭牌值进行比较后可利用目前通用的短路电抗测试国标得到传统意义上的绕组状态测试结果，若将该结果与项目中研究出的扫频阻抗测试标准配合使用，可形成优势互补，使得变压器绕组变形的离线诊断技术更加完整、成熟，其测试原理如图 3-1 所示。

由图 3-1 知，测试时，变压器高压侧或低压侧出线短路，并在非短路侧绕组首端加载扫频信号 $\dot{U}_{in}$，该信号通过绕组后，再利用接地电阻

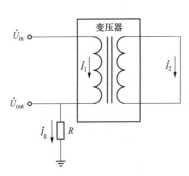

图 3-1　扫频阻抗测试系统原理图

R 得到绕组末端的输出信号 $\dot{U}_{\text{out}}$，根据以上数据，可得变压器扫频阻抗值为

$$Z_{\text{k}}(\text{j}\omega) = \left[\frac{\dot{U}_{\text{in}}(\text{j}\omega) - \dot{U}_{\text{out}}(\text{j}\omega)}{\dot{I}_1(\text{j}\omega)}\right] = R + \text{j}X(\omega) \tag{3-1}$$

从而可得扫频阻抗值

$$\left| Z_{\text{k}}(\text{j}\omega) = \sqrt{R^2 + X^2} \right| \tag{3-2}$$

由于变压器铭牌值一般为阻抗电压表示，因此测试得到的扫频阻抗 $|Z_{\text{k}}(\text{j}\omega)|$ 在频率为 50Hz 时的值，需要进行归一化后，才能与铭牌值进行比较，具体为

$$Z_{\text{k}}\% = \frac{\sqrt{3} \times |Z_{\text{k}}| \times I_{\text{N}}}{U_{\text{N}}} \times 100\% \tag{3-3}$$

式中：I_{N} 为变压器的额定电流，kA；U_{N} 为变压器的额定电压，kV。

根据以上可知，输入电压 $\dot{U}_{\text{in}}$ 为扫频信号，所以根据频率的不同，该测试系统的等效电路模型可分为两部分：一部分为低频等效电路模型；另一部分为高频等效电路模型。

（一）低频等效电路模型

在低频段时，变压器绕组可看作由电阻和电感等元件所组成的集总电路，则测试系统的低频等效电路如图 3-2 所示。

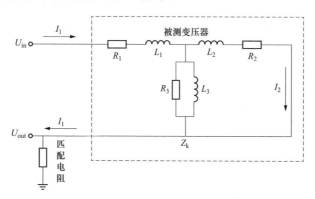

图 3-2　低频等效电路模型

由图 3-2 可知，绕组的短路电抗 X_{k} 和短路阻抗 Z_{k} 都是 L_{k} 的函数，因此，该绕组对中任一绕组的变形都会引起 Z_{k}、X_{k} 发生相应的变化。且该测试系统低频时完全等效于短路阻抗法测试电路，其扫频阻抗曲线 50Hz 处的取值即为变压器短路阻抗值。

由于在漏磁通回路中油、纸、铜等非铁磁性材料占磁路主要部分。非铁磁性材料的磁阻是线性的，且磁导率仅为硅钢片的万分之五左右，亦即磁压的

99.9%以上降落在线性的非磁性材料上。把漏感 L_k 看作线性，在本检测中所引起的偏差小于千分之一。L_k 在电流从 0 到短路电流的范围内都可以认为是线性的。因此，测量 L_k 可以用较低的电流、电压而不会影响其复验性（包括与额定电流下的测试结果相比）不大于千分之二的要求。

由于 X_k、Z_k 都未涉及与电压或电流相关的非线性因素，因此均可在不同的电流（电压）下测量上述参数，而不影响其互比性。

（二）高频等效电路模型

当频率较高时（＞1kHz），铁芯磁场传导能力的大幅下降，使铁芯的影响可以忽略，等效电路模型如图 3-3 所示；将变压器作为分布参数，相当于对变压器进行频率响应法测试。由匝间及饼间短路、绕组扭曲、鼓包或移位等变形现象、高压引线移位等现象，都会引起分布参数的改变，引起频率响应特性曲线的变化。

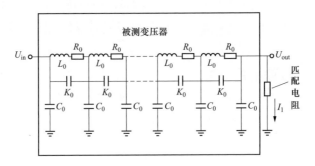

图 3-3　高频等效电路模型

综上所述，利用扫频阻抗法对变压器进行测试时，变压器绕组可看作由电阻、电感和电容等一系列元件组成的电路系统，当其中某一元件发生变化时，变压器的扫频阻抗值也会产生相应的改变，而这些元件的具体参数则是由绕组的几何尺寸所决定的。由此可知，绕组尺寸的改变，必然引起变压器扫频阻抗值变化。因此，利用扫频阻抗法对变压器绕组变形进行检测在理论上是可行的。

应用较多的频率响应分析法能在更广的频域范围内提取出绕组特征信息（如曲线的零、极点分布及其幅值变化），但该方法所依据的测试标准和判据在现场应用中有很大的局限性，需要测试人员具有丰富的经验并辅以其他测量手段才能得到准确的结论。而短路阻抗法的实质则是利用电学原理将复杂的绕组结构信息提炼成一个数字，并通过比对经验性的判据得出结论，该方法固然简化了实验的操作流程，但由于测量信息过于单一，尚不能准确地推断出绕组变形的具体形式及位置，在现场应用中仍需辅以其他手段共同判断。由以上的讨论可以发现，两种常用方法都存在一定的问题，而扫频阻抗法的出现则很好地弥补了两种方法的缺陷。扫频阻抗法这种新的检测技术，通过向变压器绕组中注入大功率扫频信号并同时采集绕组首末端的电压、电流值，进而计算得到绕组在每个频点处的阻抗值，从而可以利用短路阻抗法的定量判据对绕组故障进行判定，同时也能有效地解决短路阻抗法灵敏度低的问题。

二、绕组 ATP 模型的建立与分析

利用 ATP 仿真软件建立起变压器绕组分布参数电路模型，通过调节电路中的电容、电感等参数，计算分析在 10Hz～1MHz 的扫频电源下短路阻抗的定量变化情况，通过上述工作，建立起扫频阻抗法的理论基础。

如图 3-4 所示为变压器绕组在高频下的等效 ATP 模型（1000Hz 以上的高频段可忽略铁芯的影响），该模型由九个单元组成，每个单元包括了绕组的饼间电容、电感及对地杂散电容。考虑到相邻绕组间的静电耦合作用，修正后低压绕组注入信号时的 ATP 模型如图 3-5 所示。

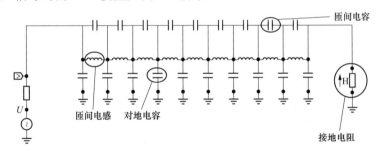

图 3-4 高频下变压器绕组的 ATP 模型

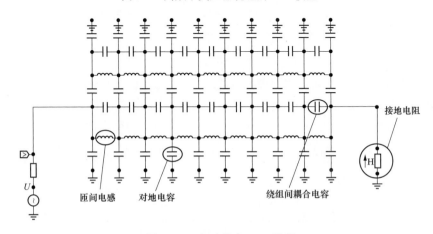

图 3-5 A 相内绕组 ATP 模型

其中，50V 的扫频信号源施加于 A 相的高压绕组，高、低压绕组间通过静

电感应相互耦合，共同对输入信号产生影响。

三、绕组变形仿真分析

为了研究扫频阻抗法的可行性，对变压器发生短路故障、轴向位移故障及径向位移故障时的扫频阻抗曲线进行了研究。

1. 变压器绕组短路故障仿真

对变压器绕组模型进行短路仿真，绕组上端 1-2 饼短路为上端短路，绕组中端 1-2 饼短路为中端短路，绕组下端 1-2 饼短路为下端短路，得出扫频阻抗曲线（正常及高压绕组短路情况）如图 3-6 所示。

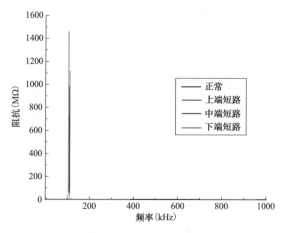

图 3-6　高压侧绕组不同部位短路 1-2 饼时仿真曲线

由仿真结果可知，高压侧注入信号时的全频段扫频阻抗曲线并不能有效识别出波形的变化，所以将扫频阻抗曲线做如下变换

$$Z'_k = 20 \lg Z_k \tag{3-4}$$

将经过式（3-9）变化的扫频阻抗曲线分为低频段（10～500Hz）和全频段（10Hz～1MHz）进行研究，如图 3-7 所示。

由图 3-7（a）可知，在低频段时故障扫频阻抗曲线的幅值明显低于正常情况，但上、中和下短路故障在低频段时的曲线并没有差别，提取 4 条曲线 50Hz 处的阻抗值进行比较，如表 3-1 所示。

表 3-1　　　　　　　　　　扫频阻抗曲线 50Hz 处阻抗比较

绕组状态	正常	上端短路	中端短路	下端短路
阻抗（dBΩ）	24.22	19.84	19.84	19.84
偏差（%）	0	18.08	18.08	18.08

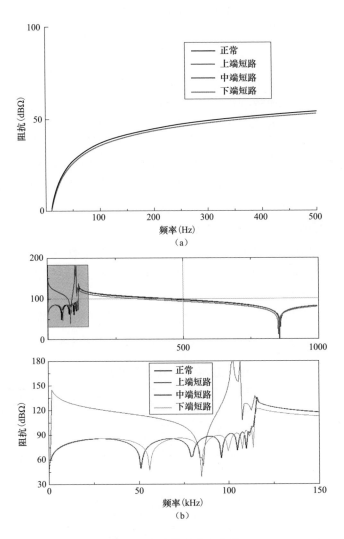

图 3-7　经变换的仿真曲线

（a）低频段扫频阻抗曲线；（b）全频段扫频阻抗曲线

由表 3-1 可知，3 条故障曲线与正常情况的阻抗值偏差相同，皆为 18.08%，已超过 2% 的范围，故可判定绕组故障，但并不能判定其具体位置。

图 3-7（b）为全频段扫频阻抗曲线，上端和下端短路由于对称原因其结果基本相同，但在 800～1000kHz 时下端短路故障的幅值会出现高于上端短路的现象。中端短路与前两者的差别较大，其高频段幅值高于上端和下端，与正常情况基本相同，计算故障曲线与正常曲线的相关系数，如表 3-2 所示。

表 3-2　　　　　　　　故障与正常曲线相关系数

相关系数		短路位置		
		上端	中端	下端
频率（kHz）	1~100	0.15	0.00	0.15
	100~600	1.38	0.26	1.38
	600~1000	1.17	1.59	1.31

由表 3-2 可知，利用相关系数可以判别出绕组出现故障，且与上文分析相同，中端短路与上、下端短路差别较大。下文仿真结果皆采用变换后的阻抗表示。

2. 变压器绕组轴向位移故障仿真

对变压器绕组模型进行轴向位移仿真，可分为三种情况：绕组上端、中端和下端发生位移，得出扫频阻抗曲线（正常及绕组轴向位移情况）如图 3-8 所示。

由图 3-8（a）可知，在低频段时故障扫频阻抗曲线的幅值与正常情况基本相同，提取 4 条曲线 50Hz 处的阻抗值进行比较，如表 3-3 所示。

表 3-3　　　　　　　扫频阻抗曲线 50Hz 处阻抗比较

绕组状态	正常	上端轴向位移	中端轴向位移	下端轴向位移
阻抗（dBΩ）	24.22	24.22	24.22	24.22
偏差（%）	0	0	0	0

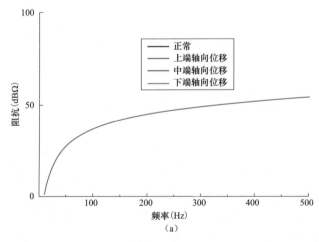

图 3-8　轴向位移扫频曲线（一）

（a）低频段扫频阻抗曲线

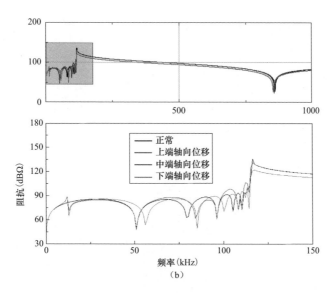

图 3-8　轴向位移扫频曲线（二）

（b）全频段扫频阻抗曲线

由表 3-3 可知，3 条故障曲线与正常情况的阻抗值相同，皆为 24.22dBΩ，其变化率为 0 并没有超过 2% 的范围，故不能判定绕组故障。

图 3-8（b）为全频段扫频阻抗曲线，上端和下端轴向位移由于对称原因其结果基本相同，但故障的谐振点的频率会高于正常情况。且中端轴向位移与上、下端位移的差别较大，其高频段幅值高于上端和下端，与正常情况基本相同，谐振点频率略低于上端和下端位移。计算故障曲线与正常曲线的相关系数，如表 3-4 所示。

表 3-4　故障与正常曲线相关系数

相关系数		轴向位移位置		
		上端	中端	下端
频率（kHz）	1～100	0.15	0.60	0.15
	100～600	1.38	1.53	1.38
	600～1000	1.21	1.54	1.20

由表 3-4 可知，利用相关系数可以判别出绕组出现变形，且与上文分析相同，中端短路与上、下端短路差别较大。

3. 变压器绕组径向位移故障仿真

对变压器绕组模型进行径向位移仿真，可分为三种情况绕组上端、中端和下端发生位移，得出扫频阻抗曲线（正常及绕组径向位移情况）如图 3-9 所示。

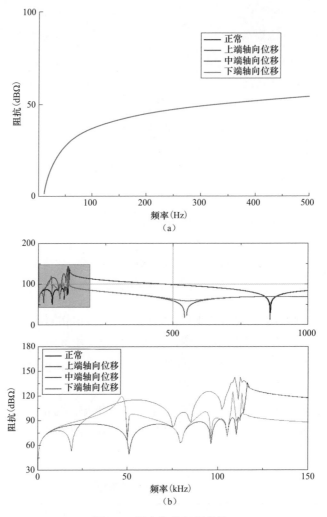

图 3-9 径向位移扫频曲线

（a）低频段扫频阻抗曲线；（b）全频段扫频阻抗曲线

由图 3-9（a）可知，在低频段时故障扫频阻抗曲线的幅值与正常情况基本相同，提取 4 条曲线 50Hz 处的阻抗值进行比较，如表 3-5 所示。

表 3-5 扫频阻抗曲线 **50Hz 处阻抗值比较**

绕组状态	正常	上端径向位移	中端径向位移	下端径向位移
阻抗（dBΩ）	24.22	24.22	24.22	24.22
偏差（%）	0	0	0	0

由表 3-5 可知，3 条故障曲线与正常情况的阻抗值相同，皆为 24.22dBΩ，其变化率为 0 并没有超过 2%的范围，故不能判定绕组故障。

图 3-9（b）为全频段扫频阻抗曲线，上端和下端径向位移由于对称原因其结果基本相同，但故障的幅值会高于正常情况。且中端与上、下端径向位移的差别较大，其高频段幅值高于上端和下端，与正常情况基本相同，低频段幅值略高于上端和下端径向位移。计算故障曲线与正常曲线的相关系数，如表 3-6 所示。

表 3-6   故障与正常曲线相关系数

相关系数		径向位移位置		
		上端	中端	下端
频率 （kHz）	1～100	0.20	0.03	0.21
	100～600	0.6	0.51	0.6
	600～1000	0.23	1.69	0.23

由表 3-6 可知，利用相关系数可以判别出绕组出现变形，且与上文分析相同，中端与上、下端径向位移差别较大。

综上，对于感性故障（绕组短路），利用 50Hz 处的阻抗值和相关系数都能得出变压器绕组变形的结论，但明显的容性故障（径向与轴向位移）能采用相关系数得出绕组变形。这也证明扫频阻抗法能够有效检测绕组变形故障。

第二节 绕组变形模型的扫频阻抗测试

一、测试系统框架结构

根据理论和仿真研究，构建扫频阻抗测试系统，如图 3-10 所示。

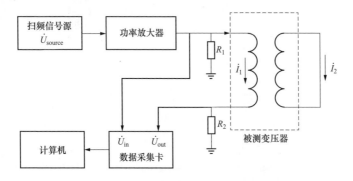

图 3-10 扫频阻抗法测试系统原理图

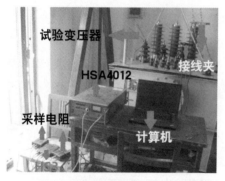

图 3-11　测量系统实物接线图

从图 3-10 中看到，该测试系统包括扫频信号源、功率放大器、数据采集卡、计算机及测试传输线等，其实物如图 3-11 所示。

二、测试系统有效性验证

为了证明该测试系统的性能，研究该系统的测试重复性及将其与短路阻抗法进行了比较，并通过与市场上现有测试仪器的对照，进一步确定该系统的可行性。

1. 测试系统重复性验证

为考察系统本身的重复性是否良好，在系统搭建完成后间隔 24h 对 A 相高压绕组进行了两次实验（除时间外其他测量参数完全相同），得出扫频阻抗曲线如图 3-12 所示。

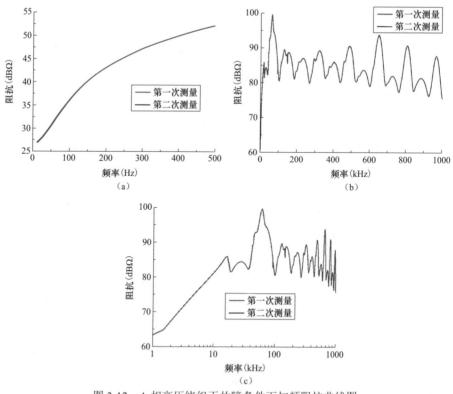

图 3-12　A 相高压绕组无故障条件下扫频阻抗曲线图

（a）10～500Hz 扫频阻抗曲线；（b）500Hz～1MHz 扫频阻抗曲线；

（c）1kHz～1MHz 扫频阻抗曲线对数坐标图

图 3-12（a）中间隔 24h 的两次实验数据在 10～500Hz 频率段的重复性很好，说明实验仪器在低频段稳定性很好。该扫频阻抗曲线两次测试得到的 50Hz 阻抗值的比较，如表 3-7 所示。

表 3-7　　　　　　　　　　两次测试 50Hz 阻抗值比较

试　　　验	50Hz 阻抗值（dBΩ）
第一次	50.31
第二次	50.23

从表 3-7 可以看出对于两次测试的 50Hz 阻抗值基本相同，所以可以利用 50Hz 阻抗值对绕组状况进行判断。

将 A 相高压绕组无故障条件下扫频阻抗曲线图中 500Hz～1MHz 频率段进行相关系数的分析。将这个频段分成 1kHz～100kHz，100kHz～600kHz 和 600kHz～1MHz 三个频段，表 3-8 给出了这两次测量的相关系数比较结果。

表 3-8　　　　　　　　A 相无故障高压侧扫频阻抗曲线的相关系数

频率（kHz）	1～100	100～600	600～1000
相关系数	3.65	4.19	4.36

从表 3-7 及表 3-8 可以看出，间隔 24h 的两次实验数据在 1kHz 到 1MHz 频率段的重复性很好，说明实验仪器在全频段的稳定性也很好。由此可知，该扫频阻抗测试系统的重复性良好，可以用于实际测量。从图 3-12（c）可知，对数坐标下扫频曲线反映出的特征与线性坐标下相同，故本研究为了便于利用图谱对绕组故障进行识别，下文中采用线性坐标和对数坐标对扫频阻抗曲线进行描述。

2. 测试系统正确性验证

利用实验室内搭建的短路阻抗测试平台和已商业化的频率响应测试仪器，对扫频阻抗测试系统的正确性进行验证。

实验室中搭建的短路阻抗测试平台，包括三相调压器、三相升压变压器、电流表和电压表，如图 3-13 所示。

在测试时，被测变压器低压侧短路，高压侧加载电压，利用调压器使电压不断升高，当电流表达到额定电流时，记录此时三相上的电压表读数，由于电压表得到的是相电压，所以相电压与额定电流的比，即为短路阻抗。

根据扫频阻抗法的理论分析可知，扫频阻抗测试系统 50Hz 处阻抗值等效于变压器短路阻抗值，因此在没有外部干扰的情况下，对变压器的 A 相绕组进行了扫频阻抗法测试，其 50Hz 阻抗值与额定短路阻抗值，如表 3-9 所示。

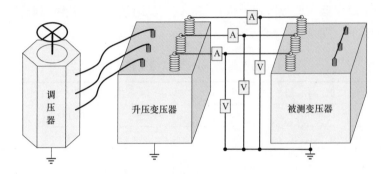

图 3-13　三相短路阻抗测试系统

表 3-9　　　　　　　　　　额定短路阻抗与测试扫频阻抗的比较

名　　称	z_k（Ω）
额定短路阻抗值	166.81
扫频阻抗值	164.12

通过表 3-9 可知，50Hz 处的扫频阻抗值基本等于铭牌上的短路阻抗值，证明了扫频阻抗法的正确性。

由于该扫频阻抗测试系统也能进行频率响应测试，因此选择了一套在实际电力生产中应用极为广泛的频率响应法测试仪器与扫频测量系统针对同一变压器绕组进行了测试及对比，结果如图 3-14 所示。

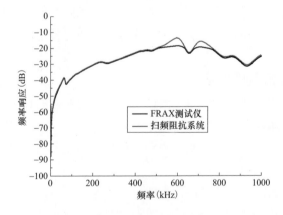

图 3-14　两套仪器测量同一变压器绕组得到的频率响应曲线

两套仪器测得的频率响应曲线在 500kHz 之前的中低频段重合度很高，但在中高频段出现一些偏差，经过分析，认为出现这种现象的原因是两套设备的连接线对地杂散电容不同。为了证实这一想法，利用 ATP 仿真软件搭建了绕组的分布参数电路模型，仿真图及计算结果分别如图 3-15 和图 3-16 所示。

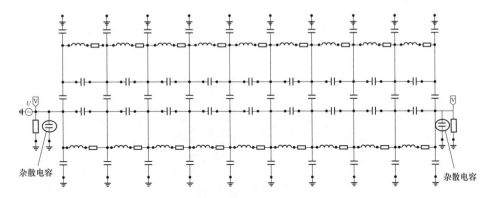

图 3-15　ATP 仿真模型

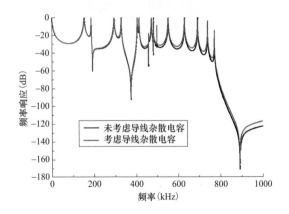

图 3-16　两种情况下频率响应曲线对比图

　　图 3-15 是一个典型的单绕组 ATP 仿真模型，该模型首末端添加的电容代表了两套系统的同轴连接线缆对地电容差，而图 3-16 所示仿真结果的图形变化趋势则与实验相符，即两曲线在 500kHz 之前的中低频段重合度较高，在 500kHz 以上的高频段则出现一定偏差，这证明了之前判断的正确性。因此，利用该扫频阻抗测试系统也能够得到变压器的频率响应特性。

三、短路故障测试

　　试验变压器为特制变压器模型，如图 3-17 所示。为了便于更改绕组接线方式，三相高/低压绕组首末端皆装有套管，且固定于变压器外壳的顶端，其中 A

和 X 分别为 A 相高压侧绕组首端和末端套管，a 和 x 分别为 a 相低压侧绕组首端和末端套管，其他套管定义以此类推。该变压器高/低压绕组有抽头引出，相关文献指出变压器绕组变形故障主要是绕组电感、纵向电容和对地电容发生变化所引起。因此，在抽头上进行短接、串并联电容和电感即可模拟各种类型的绕组变形故障。

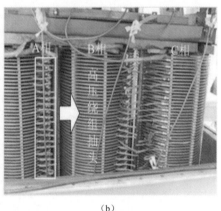

（a）   （b）

图 3-17　特制试验变压器

（a）前视图；（b）后视图

下面将通过短接导线及串并联电容的方式，对变压器绕组出现短路故障和位移故障时的扫频阻抗曲线情况进行研究。

绕组一侧短路，另一侧注入扫频信号，并在其不同位置的绕组抽头处利用导线进行短路，便可对绕组短路故障进行模拟。

1. 高压绕组短路故障

以下研究变压器高压绕组短路故障下扫频阻抗曲线的变化规律。通过导线短接不同数量的绕组于变压器高压绕组的上端、中端及下端（模拟上、中、下三端故障时分别对应置于 8-9 饼间、24-25 饼间及 39-40 饼间），进行实验获取各端的扫频阻抗曲线并进行分析。

（1）高压侧扫频阻抗曲线（低频段）。如图 3-18 所示为高压侧注入信号时低频段扫频阻抗曲线图。

由图 3-18 可知，在绕组的不同部位，随短路故障程度的加剧（由短路 1-2 饼到短路 1-6 饼），绕组的扫频阻抗曲线幅值逐渐减小，这是由于短路故障加剧（短路饼数增多）导致绕组阻抗值的减小，反映到曲线图上就是其幅值变低。取出绕组上端的 50Hz 阻抗值数据如表 3-10 所示。

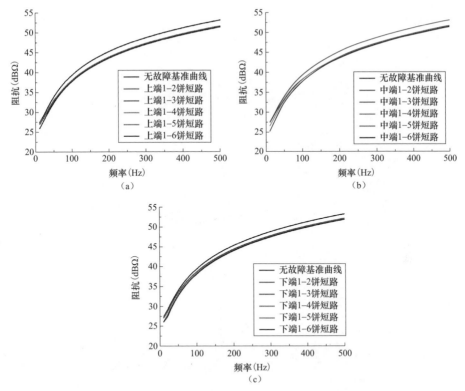

图 3-18　绕组不同部位短路故障时扫频阻抗曲线

（a）绕组上端短路；（b）绕组中端短路；（c）绕组下端短路

表 3-10　　　　　　　　　　上端绕组短路故障下 50Hz 阻抗变化

绕组情况	正常	1-2 饼短路	1-3 饼短路	1-4 饼短路	1-5 饼短路	1-6 饼短路
阻抗（dBΩ）	50.31	44.65	43.53	42.65	41.59	40.65
变化率（%）	0	−11.25	−13.48	−15.23	−17.33	−19.20

由表 3-10 知，50Hz 处的阻抗值变化率已超出 2%的正常范围，所以能够判断绕组出现故障，且随着短路故障的加剧，阻抗变化率变大。

（2）高压侧扫频阻抗曲线（全频段）。如图 3-19 所示，当故障位于高压侧上端时，扫频阻抗曲线的谐振点在 200～300kHz 之间随故障程度的加剧向高频段移动。

该现象可用式（3-5）予以解释

$$f = 1/2\pi\sqrt{LC} \qquad\qquad (3\text{-}5)$$

随绕组短路故障的加剧（短路饼数的增多），绕组电感量减小，由式（3-5）可知绕组谐振频率向高频段移动。由表 3-11 可知故障越严重，1～100kHz 的相关系数越小。

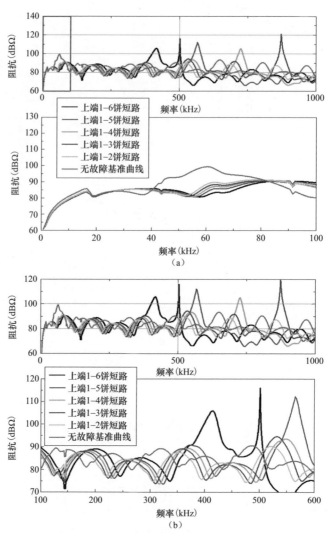

图 3-19 绕组上端短路故障时扫频阻抗曲线

（a）1～100kHz；（b）100～600kHz

表 3-11 上端短路故障与正常扫频阻抗曲线相关系数

相关系数		绕组状况				
		1-2 饼短路	1-3 饼短路	1-4 饼短路	1-5 饼短路	1-6 饼短路
频率（kHz）	1～100	0.45	0.39	0.32	0.28	0.21
	100～600	−0.15	−0.18	−0.19	−0.16	0.07
	600～1000	−0.14	−0.10	0.04	0.12	−0.08

图 3-20 及图 3-21 所示，分别为绕组中部与下部在短路故障下的扫频曲线图，其特征频段亦集中于 200～300kHz 之间。

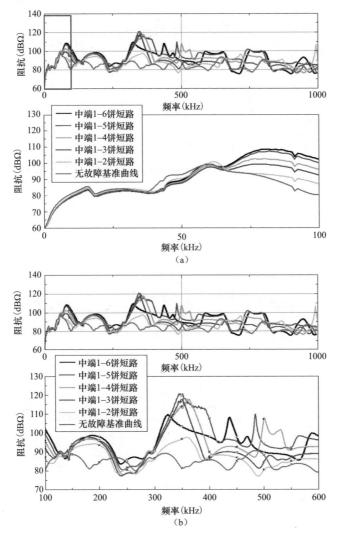

图 3-20　绕组中端短路故障时扫频阻抗曲线

（a）1～100kHz；（b）100～600kHz

由图 3-21 可知，对于 A 相高压绕组中端和下端的短路故障，在 1～100kHz 的低频段，绕组的扫频阻抗值随故障程度的增大逐渐减小；而在 100～600kHz 的中高频段，绕组的扫频阻抗值随故障程度的增大逐渐增大（两种情况下呈现出截然相反的趋势）。

综上，当变压器高压侧出现短路故障时，利用高压侧的 50Hz 处阻抗值和相关系数都可判断绕组出现故障，增加了判断的正确性。

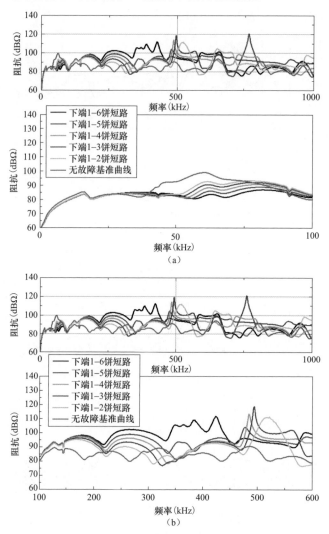

图 3-21　绕组下端短路故障时扫频阻抗曲线

（a）1～100kHz；（b）100～600kHz

（3）低压侧扫频阻抗曲线（全频段）。由图 3-22 可知，当高压绕组上端发生短路故障时，低压绕组测试结果的原 200～300kHz 间的第一谐振峰两侧将产生两个小峰，且两个小峰的变化规律相反（左侧小峰峰值随故障程度加剧升高，右侧小峰则减小）。得到其 50Hz 处阻抗值，如表 3-12 所示。

由表 3-12 可知，当短路故障位于高压绕组时，对低压绕组测试结果的 50Hz 阻抗值影响并不大。得到其相关系数如表 3-13 所示。

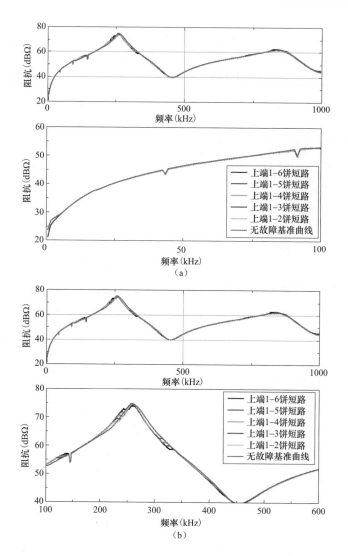

图 3-22 绕组上端短路故障时扫频阻抗曲线

（a）1~100kHz；（b）100~600kHz

表 3-12 上端短路与正常扫频阻抗曲线 50Hz 处阻抗比较

故障程度	无故障	短路 1-2 饼	短路 1-3 饼	短路 1-4 饼	短路 1-5 饼	短路 1-6 饼
阻抗值（dBΩ）	9.56	9.55	9.55	9.54	9.53	9.53
变化率（%）		−0.10	−0.10	−0.21	−0.31	−0.31

由表 3-13 可知，当短路故障位于高压绕组时，基本不会影响低压绕组的相关系数判据。

表 3-13　　　　　　　　　上端短路故障与正常扫频阻抗曲线相关系数

相关系数		绕组状况				
		1-2 饼短路	1-3 饼短路	1-4 饼短路	1-5 饼短路	1-6 饼短路
频率（kHz）	1～100	3.91	3.36	3.38	3.38	3.37
	100～600	2.94	2.78	2.71	2.57	2.54
	600～1000	4.06	3.13	3.40	3.07	3.04

得到变压器高压绕组中端和下端出现短路故障时的低压绕组扫频阻抗曲线，如图 3-23 和图 3-24 所示。

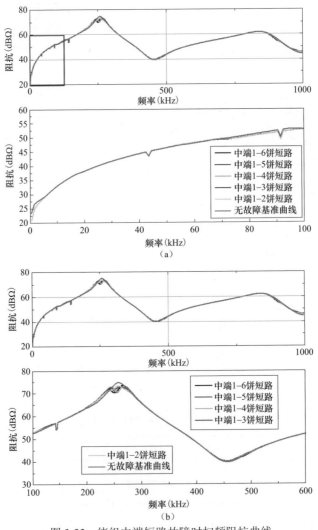

图 3-23　绕组中端短路故障时扫频阻抗曲线

（a）1～100kHz；（b）100～600kHz

由图 3-23 可知，当高压绕组中端发生短路故障时，原第一谐振峰将分裂为两个子峰，且两子峰随故障程度加剧变化趋势相反。

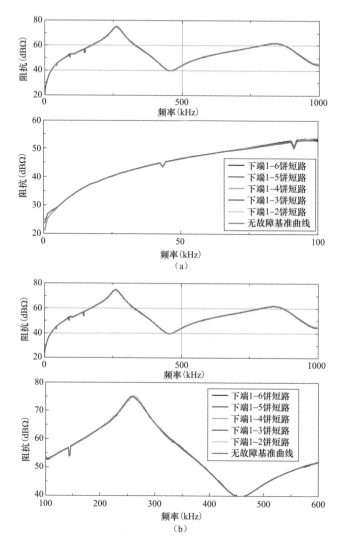

图 3-24　绕组下端短路故障时扫频阻抗曲线

（a）1～100kHz；（b）100～600kHz

图 3-24 所示为高压绕组下端发生短路故障时的扫频阻抗曲线，两频率段曲线随短路故障加剧变化并不明显。

2. 低压绕组短路故障

为模拟低压侧绕组故障，本研究将三相低压绕组分为上、中、下三个部分

（每相共 9 个抽头），每相上端从第 1 个抽头开始计数，中端从第 4 个抽头开始计数，下端从第 7 个抽头开始计数。在 A、B、C 三相内绕组的上、中、下端依次建立短路 1-2 饼的故障，各自单独测量和分析。

（1）低压侧扫频阻抗曲线（全频段）。由图 3-25 可知，当短路故障位于低压侧测试，低压侧扫频阻抗曲线在频率为 200kHz～1MHz 时，共有两个较为明显的谐振峰。其中，第一谐振峰在 200～400kHz 之间，峰值较大（为 65～75dBΩ）；第二谐振峰在 800kHz 以后，峰值在 60dBΩ 左右。其中，第一谐振峰值将随故障位置的下移以 3dBΩ 递减。得到 3 种短路故障的 50Hz 处阻抗值及其与正常情况的相关系数，如表 3-14 及表 3-15 所示。

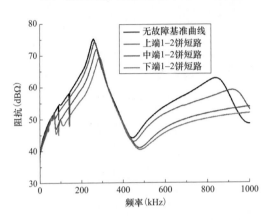

图 3-25　绕组低压侧短路故障时扫频阻抗曲线

表 3-14　　　　　　　　　　上端绕组短路故障下 50Hz 阻抗变化

绕组情况	正常	上端 1-2 饼短路	中端 1-2 饼短路	下端 1-2 饼短路
阻抗（dBΩ）	9.56	8.78	8.76	8.78
变化率（%）	0	−8.16	−8.37	−8.16

表 3-15　　　　　　　　　　绕组上中下端分别短路 1-2 饼时相关系数比对表

相关系数		频率		
		1～100kHz	100～600kHz	600kHz～1MHz
故障区域	上端	0.96	1.97	0.15
	中端	0.87	1.34	−0.05
	下端	0.73	1.00	−0.04

由表 3-14 及表 3-15 可知，当低压绕组发生短路故障时，其低压侧结果 50Hz 处阻抗发生较为明显的变化，同时相关系数也会处于故障的判定范围内。而且相同程度的短路故障，其 50Hz 处阻抗基本相同。

（2）高压侧扫频阻抗曲线（低频段）。当故障位于低压侧时，得到的高压侧低频时的扫频阻抗曲线如图 3-26 所示。

由图 3-26 可知，当故障位于低压侧时，高压绕组的扫频曲线重合度较高，亦即该测量方式对绕组低压侧短路故障不敏感。提取扫频阻抗曲线 50Hz 处的阻抗值进行比较，可得表 3-16。

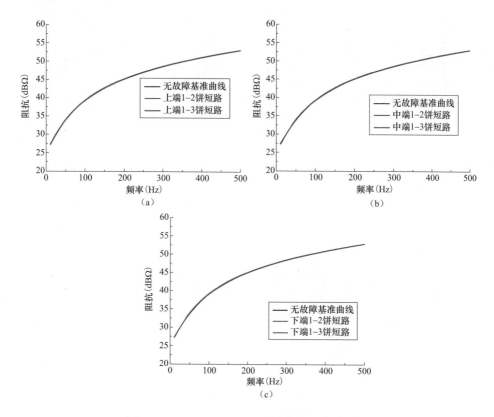

图 3-26　绕组不同部位短路故障时扫频阻抗曲线

（a）绕组上端短路；（b）绕组中端短路；（c）绕组下端短路

表 3-16　　　　　　　　　　扫频阻抗曲线 50Hz 处阻抗

故障程度	无故障	上端 1 饼	上端 2 饼	中端 1 饼	中端 2 饼	下端 1 饼	下端 2 饼
阻抗（dBΩ）	50.13	50.14	49.85	50.10	50.53	50.17	50.21
变化率（%）		0.0199	−0.56	−0.0598	0.8	−0.0798	−0.0016

由表 3-16 知，当故障位于低压侧时，该故障并不会对高压绕组 50Hz 的阻抗值产生较大影响。

（3）高压侧扫频阻抗曲线（全频段）。如图 3-27 所示为短路故障位于低压侧时，高压侧的全频扫频阻抗曲线，由图可知低压侧绕组短路故障会造成高压绕组全频段扫频阻抗曲线的幅值上升，但谐振点的位移并不明显。其相关系数见表 3-17。

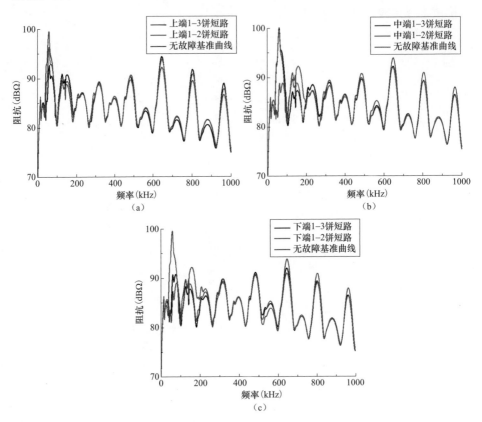

图 3-27　绕组不同部位故障时扫频阻抗曲线

（a）绕组上端；（b）绕组中端；（c）绕组下端

表 3-17　　　　绕组上中下端分别短路 1-2 饼时相关系数比对表

相关系数		频率		
		1～100kHz	100～600kHz	600kHz～1MHz
故障区域	上端	1.65	1.62	2.55
	中端	0.56	0.86	2.15
	下端	0.37	0.88	2.20

由表 3-17 可知，低压绕组的短路故障会对高压侧的扫频阻抗曲线产生较大

影响，能使其出现绕组变形的误判。

综合以上对短路故障的分析可知，当变压器绕组发生短路故障时，其故障侧扫频阻抗曲线 50Hz 处阻抗值与相关系数皆会发生较大的变化，且该变化会进入变压器故障的判定范围，同时利用 50Hz 处阻抗值也能够方便地得到短路故障的严重程度。

四、轴向位移故障测试

以下研究变压器高压绕组轴向位移故障下扫频阻抗曲线的变化规律。

1. 高压侧扫频阻抗曲线（低频段）

由图 3-28 可知，当轴向位移故障置于 A 相高压绕组上端时，不同位移程度下的低频扫频阻抗曲线基本重合，得到变压器上端发生轴向位移故障时的 50Hz 处阻抗值，如表 3-18 所示。

表 3-18　　　　　　　上端轴向位移故障时扫频阻抗曲线 50Hz 处阻抗

故障程度	无故障	5.6pF	18pF	220pF
阻抗（dBΩ）	50.13	50.21	50.05	50.53
变化率（%）		0.16	−0.16	0.80

由表 3-18 可知，当变压器高压绕组发生轴向位移故障时，其 50Hz 处阻抗值基本不会发生变化。提示该判据对于 A 相高压绕组上端的轴向变形故障并不敏感，不能提炼出准确的测量判据。

图 3-29 及图 3-30 所示中端和下端轴向位移故障的情况与上端故障所反映

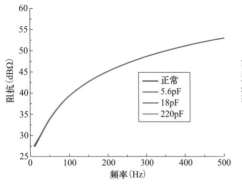

图 3-28　上端轴向位移故障下
扫频阻抗曲线

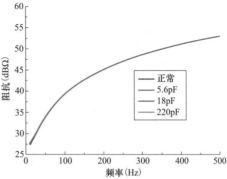

图 3-29　中端轴向位移故障下
扫频阻抗曲线

出的曲线规律一致（故障与正常情况重合度较高），这说明高压侧注入信号时得到的低频段扫频阻抗曲线及 50Hz 处阻抗值并不能有效的表现变压器高压绕组轴向位移故障。

2. 高压侧扫频阻抗曲线（全频段）

如图 3-31 所示，对于高压绕组的轴向变形故障，高压侧注入信号时得到的全频段扫频阻抗曲线，随故障程度的加剧幅值会出现明显的变化：具体为低频时，波形基本相同；中频时，谐振点不变，幅值增大；高频时，幅值增大，谐振点向低频处偏移。得到该变压器上端轴向位移故障时的相关系数，如表 3-19 所示。

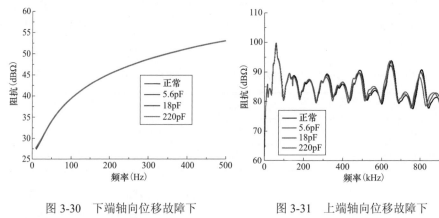

图 3-30　下端轴向位移故障下　　　　图 3-31　上端轴向位移故障下
　　　　　扫频阻抗曲线　　　　　　　　　　　扫频阻抗曲线

表 3-19　　　　　　　　绕组上端轴向位移时的相关系数比对表

相关系数		频率		
		1～100kHz	100～600kHz	600kHz～1MHz
故障程度	5.6pF	3.10	1.69	1.57
	18pF	3.21	1.74	1.55
	220pF	2.73	1.12	0.48

由表 3-19 可知，发生轴向位移故障时，如该故障的程度较小，则相关系数并不会进入绕组故障的判断范围，故利用扫频阻抗曲线的特有变化规律对该故障进行判定会有更高的准确率。得到绕组中端及下端轴向位移的扫频阻抗曲线，如图 3-32 和图 3-33 所示。

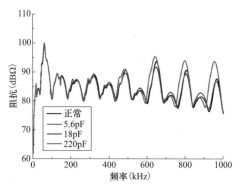

图 3-32　中端轴向位移故障下
扫频阻抗曲线

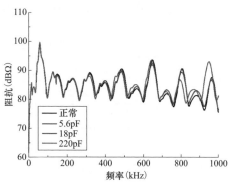

图 3-33　下端轴向位移故障下
扫频阻抗曲线

由图 3-32 及图 3-33 可知，中端和下端轴向位移故障所反映出的波形变化规律与图 3-31 一致，更进一步证明了波形变化判断绕组故障类型的可行性。

3．低压侧扫频阻抗曲线（全频段）

当高压绕组存在轴向位移故障时，对低压侧绕组进行测试，可得到其曲线变化，如图 3-34～图 3-36 所示。

由图 3-34～图 3-36 可知，对于低压侧注入信号这种测量方式而言，当轴向位移故障位于高压侧时，其扫频阻抗曲线的高频段会出现幅值的增

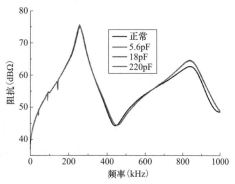

图 3-34　上端轴向位移故障下扫频阻抗曲线

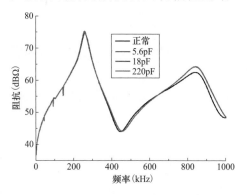

图 3-35　中端轴向位移故障下
扫频阻抗曲线

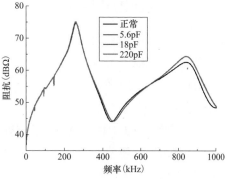

图 3-36　下端轴向位移故障下
扫频阻抗曲线

大。得到高压绕组上端轴向位移故障下的扫频阻抗50Hz处阻抗值，如表3-20所示。

表 3-20　　　　　上端轴向位移与正常扫频阻抗曲线 50Hz 处阻抗比较

故障程度	无故障	5.6pF	18pF	220pF
阻抗（dBΩ）	9.56	9.53	9.54	9.51
变化率（%）		−0.31	−0.21	−0.52

由表3-20可知，当轴向位移故障位于高压绕组时，对低压绕组测试结果的50Hz阻抗值影响并不大。得到其相关系数如表3-21所示。

表 3-21　　　　　上端轴向位移故障与正常扫频阻抗曲线相关系数

相关系数		绕组状况		
		5.6pF	18pF	220pF
频率（kHz）	1～100	4.30	4.33	4.14
	100～600	2.81	2.78	2.83
	600～1000	1.80	1.77	1.81

由表3-21可知，当轴向位移故障位于高压绕组时，对低压绕组的相关系数影响也并不大。

综上，当绕组发生轴向位移故障时，利用50Hz处阻抗和相关系数都不能有效地得到绕组故障的判断，因此需利用特定的波形变化对该故障进行判定，即低频时，波形基本相同；中频时，谐振点不变，幅值增大；高频时，幅值增大，谐振点向低频处偏移。

五、径向位移故障测试

研究高压绕组径向位移故障时选取了 5.6pF 和 12pF 的电容，通过导线并接于变压器 A 相高压绕组的上端、中端及下端（模拟上、中、下三端故障时分别对应置于两相 8 饼间、24 饼间及 39 饼间），进行实验获取各端的扫频阻抗曲线并进行分析。

1. 高压侧扫频阻抗曲线（低频段）

对变压器高压侧绕组进行测试，得到其低频段扫频阻抗曲线，如图 3-37～图 3-39 所示。

由图 3-37 和图 3-38 可知，当 A 相高压绕组上端及中端发生径向位移故障时，低频段的扫频阻抗曲线与无故障曲线基本重合。

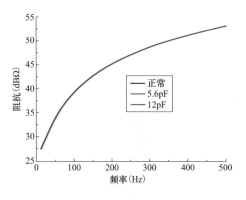

图 3-37　上端径向位移故障下
扫频阻抗曲线

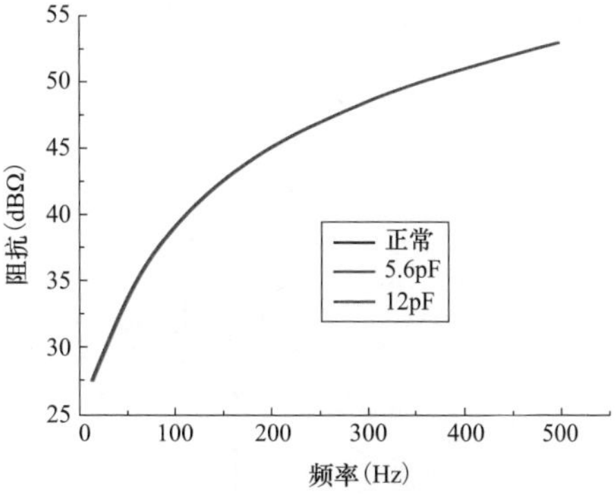

图 3-38　中端径向位移故障下
扫频阻抗曲线

图 3-39 中绕组下端径向位移故障时扫频阻抗曲线的变化规律与图 3-37 和图 3-38 相同，提示低频段扫频阻抗曲线对变压器高压绕组的径向形变故障并不敏感。得到变压器上端发生径向位移时的 50Hz 阻抗值，如表 3-22 所示。

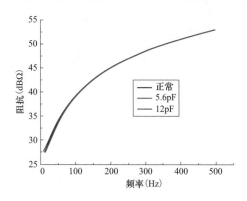

图 3-39　下端径向位移故障下扫频阻抗曲线

表 3-22　　　　　　　上端径向位移故障时扫频阻抗曲线 50Hz 处阻抗

故障程度	无故障	5.6pF	12pF
阻抗（dBΩ）	50.13	50.19	50.23
变化率（%）		0.12	0.20

由表 3-22 可知，变压器发生径向位移时并不会对 50Hz 阻抗值造成影响。这与轴向位移的情况相同。

2. 高压侧扫频阻抗曲线（全频段）

对变压器高压侧绕组进行测试，得到其全频段扫频阻抗曲线，如图 3-40～

图 3-42 所示。

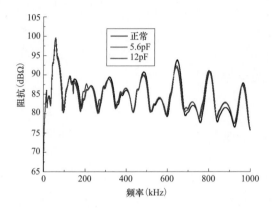

图 3-40　上端径向位移故障下扫频阻抗曲线

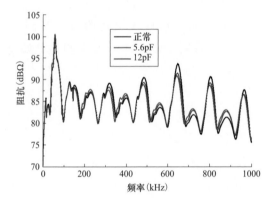

图 3-41　中端径向位移故障下扫频阻抗曲线

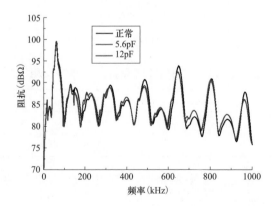

图 3-42　下端径向位移故障下扫频阻抗曲线

由图 3-40 可知，当变压器径向位移发生于高压绕组上端时，全频段的扫频阻抗曲线将随波峰、波谷的不同形成完全相反的走势，且谐振点基本不变：在曲线波峰处，其幅值将随故障程度的加剧逐渐减小；在曲线波谷处，幅值将随故障程度的加剧逐渐增大。该规律在中频段尤其明显，而低频段和高频段的故障曲线与正常曲线的重合度则较高。

由图 3-41 和图 3-42 可知，中端及下端径向位移故障时扫频阻抗曲线的变化规律与上端径向位移故障一致。得到绕组上端出现径向位移时的相关系数，如表 3-23 所示。

表 3-23   绕组上端径向位移时的相关系数比对表

相关系数		频率		
		1～100kHz	100～600kHz	600kHz～1MHz
故障程度	5.6pF	3.02	1.59	1.34
	12pF	3.11	1.48	1.20

由表 3-23 可知，当变压器出现径向位移故障时，其相关系数并没有到达故障的判断范围。因此，可以把高压侧注入信号时全频段扫频阻抗曲线作为特征曲线用于甄别绕组的径向位移故障。

3. 低压侧扫频阻抗曲线（全频段）

对变压器低压侧绕组进行测试，得到其全频段扫频阻抗曲线，如图 3-43～图 3-45 所示。

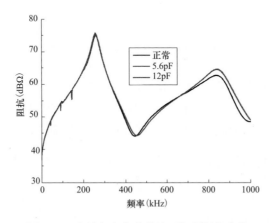

图 3-43　上端径向位移故障下扫频阻抗曲线

由图 3-43 和图 3-44 可知，在高压绕组径向位移故障发生时，低压侧注入信号得到的全频段扫频阻抗曲线仅在第二谐振峰处存在幅值的上升，其余频率段内曲线重合度较高。

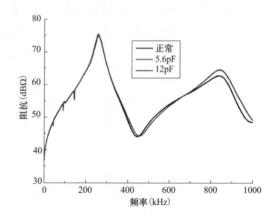

图 3-44　中端径向位移故障下扫频阻抗曲线

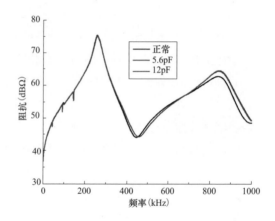

图 3-45　下端径向位移故障下扫频阻抗曲线

图 3-45 所示高压绕组下端径向位移故障下扫频阻抗曲线的变化规律与上端及中端的完全一致，同时该情况也与轴向位移故障相同。得到高压绕组上端径向位移故障下的扫频阻抗 50Hz 处阻抗值，如表 3-24 所示。

表 3-24　　　　上端径向位移与正常扫频阻抗曲线 50Hz 处阻抗比较

故障程度	无故障	5.6pF	12pF
阻抗（dBΩ）	9.56	9.57	9.59
变化率（%）		0.10	0.31

由表 3-24 可知，当径向位移故障位于高压绕组时，低压绕组测试结果的 50Hz 阻抗值变化并不大。得到其相关系数，如表 3-25 所示。

表 3-25　　　　　　上端径向位移故障与正常扫频阻抗曲线相关系数

相关系数		绕组状况	
		5.6pF	12pF
频率（kHz）	1～100	4.24	3.77
	100～600	2.66	2.66
	600～1000	1.51	1.56

由表 3-25 可知，当径向位移故障位于高压绕组时，对低压绕组的相关系数影响也并不大。

综上，当绕组发生径向位移故障时，利用 50Hz 处阻抗和相关系数都不能有效地得到绕组故障的判断，因此也需利用特定的波形变化对该故障进行判定，即全频段的扫频阻抗曲线将随波峰、波谷的不同形成完全相反的走势，且谐振点基本不变：在曲线波峰处，其幅值将随故障程度的加剧逐渐减小；在曲线波谷处，幅值将随故障程度的加剧逐渐增大。该规律在中频段尤其明显，而低频段和高频段的故障曲线与正常曲线的重合度则较高。

六、鼓包与位移故障测试

2 号变压器为鼓包与轴向位移故障，具体为两柱上的高压绕组轴向上移，并在高压绕组与低压绕组中增加介质，使得高压线圈向外凸起，低压线圈向内凹陷，从而实现全绕组的鼓包，其中两种故障状态分别如表 3-26 所示。

表 3-26　　　　　　　　变 压 器 状 况

变压器状况	轴向上移（mm）	位移距离（mm）
正常	0	0
状况 1（初始故障）	13	9
状况 2（优化后故障）	23	9

对上两种故障进行测试，可得其扫频阻抗曲线，并与正常时的情况进行比较，如图 3-46 所示。

由图 3-46 可知，在频率为 10Hz～400kHz 时，3 条曲线吻合较好，当频率超过 400kHz 时，3 条曲线出现了一定的差异，具体为状况 1 的曲线幅值略小于状况 2，且在 500kHz～1MHz 的高频时，故障曲线的谐振点与正常情况相比向低频处偏移，故障越大幅值越高，谐振点频率越小。利用 3 条曲线 50Hz 处的阻抗值进行比较，如表 3-27 所示。

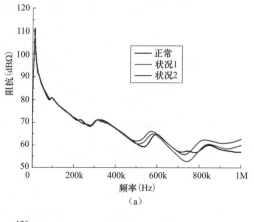

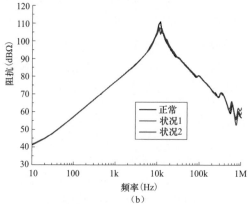

图 3-46　鼓包及位移的扫频阻抗曲线

（a）线性坐标；（b）对数坐标

表 3-27　　　　　　　　　　正常与故障 50Hz 阻抗值的比较

曲线名称	测试短路阻抗（%）	测试短路阻抗偏差（%）
正常	10.78	0
状况 1（初始故障）	10.81	0.28
状况 2（优化后故障）	10.91	1.21

　　经表 3-27 可知，故障情况 50Hz 的阻抗值与正常情况相比偏差较小。同时，其两个故障的阻抗偏差基本相同，这证明了鼓包与位移故障并不会明显地影响 50Hz 阻抗值的偏差，该结果与仿真研究相符。计算其相关系数如表 3-28 所示。

表 3-28	国标相关系数	
相关系数 R_{xy}	R_{21}	R_{31}
低频段 1～100kHz	2.33	2.21
中频段 100～600kHz	1.94	1.55
高频段 600～1000kHz	0.56	0.35

根据表 3-28 可知，R_{21} 为正常与状况 1 之间的相关系数、R_{31} 为正常与状况 2 之间的相关系数，依据标准两条故障曲线并不会被判断为绕组故障。

因此，鼓包及轴向位移故障有轴向位移故障和径向位移故障的特点，即相关系数与 50Hz 阻抗处于无故障的范围内，且在低频与中频处，波形吻合较好，而在频率为 500kHz～1MHz 时，其谐振点会向低频处偏移，这也与该故障时的绕组几何尺寸变化相符合。

七、翘曲故障测试

3 号变压器为翘曲故障，分为两种故障状况，其中状况 1 为高压线圈的绕制完成后对其出头范围处轴向施加一定的压力，使线圈变形形成翘曲，翘曲最大处为 4mm，该翘曲位于抽头 X3-X1 之间；状况 2 为左铁芯柱上的高压绕组最外层线圈全部轴向向上翘曲 4mm，右铁芯柱上的高压绕组最外层线圈全部轴向向下翘曲 4mm，且两者皆径向外扩 4mm。对上面两种故障进行测试，可得其扫频阻抗曲线并与正常时的情况进行比较，如图 3-47 所示。

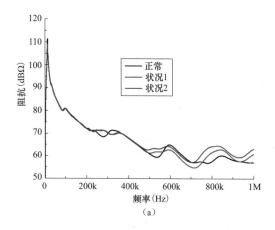

图 3-47 翘曲故障的扫频阻抗曲线（一）

（a）线性坐标

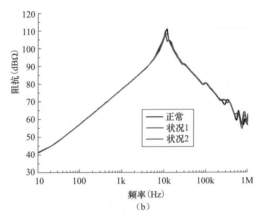

图 3-47　翘曲故障的扫频阻抗曲线（二）

（b）对数坐标

由图 3-47 可知，在频率为 10Hz～200kHz 时，3 条曲线吻合较好，当频率超过 200kHz 时，3 条曲线出现了一定的差异，具体为状况 1 的曲线幅值略小于状况 2，且故障曲线在频率为 200kHz～400kHz 处会和正常曲线产生一个相反的波形趋势。利用 3 条曲线 50Hz 处的阻抗值进行比较，如表 3-29 所示。

表 3-29　　　　　　　　　　正常与故障 50Hz 阻抗值的比较

曲线名称	测试短路阻抗（%）	测试短路阻抗偏差（%）
正常	10.78	0
状况 1（初始故障）	10.75	−0.28
状况 2（优化后故障）	10.71	−0.65

经表 3-29 可知，故障情况 50Hz 的阻抗值与正常情况相比偏差较小。同时，两个故障的阻抗偏差基本相同，这证明了翘曲故障并不会明显地影响 50Hz 阻抗值的偏差，该结果与仿真研究相符。计算其相关系数如表 3-30 所示。

表 3-30　　　　　　　　　　国 标 相 关 系 数

相关系数 R_{xy}	R_{21}	R_{31}
低频段 1～100kHz	2.69	2.28
中频段 100～600kHz	1.65	1.58
高频段 600～1000kHz	0.29	0.16

根据表 3-30 可知，R_{21} 为正常与状况 1 之间的相关系数、R_{31} 为正常与状况

2 之间的相关系数，依据标准两条故障曲线皆为正常绕组范围。

因此，翘曲故障也并不会引起 50Hz 与相关系数进入故障的判定范围，其在频率为 10Hz～200kHz 时吻合极好，但频率为 200～400kHz 处，故障曲线会和正常曲线产生一个相反的波形趋势。

第三节 变压器绕组变形的判据

用扫频阻抗法判断变压器绕组变形，主要是对绕组的扫频阻抗曲线特征进行纵向或横向比较，并综合考虑变压器遭受短路冲击的情况、变压器结构、电气试验及油中溶解气体分析等因素。根据相关系数的大小，可较为直观地反映出变压器绕组扫频曲线特征的变化，通常可作为判断变压器绕组变形的一种主要的辅助手段。

具体来说，扫频阻抗图特征信息丰富，包含着较多的波峰和波谷，经验和理论分析都表明，波峰和波谷的分布位置及其数量的变化是分析绕组变形的重要依据。在低频段（1～100kHz），波峰和波谷发生明显变化时，反映了电感的改变，此时绕组可能发生了整体变形，包括匝间或饼间短路等；在中频段（100～600kHz），波峰和波谷发生明显变化时，电容和电感均可能发生改变，预示绕组发生扭曲和鼓包等局部变形；在高频段（大于 600kHz），波峰波谷的明显变化反映了绕组对地电容的改变，可能存在引线和绕组的整体位移等。

一、纵向比较法

纵向比较法是指对同一台变压器、同一绕组、同一分接开关位置、不同时期的扫频阻抗曲线进行比较，根据扫频阻抗曲线特性的变化判断变压器的绕组变形。通过研究可知，扫频阻抗法具有短路阻抗法和频率响应分析法的优点，能够有效提高变压器绕组变形检测的正确性。利用该方法能够初步估计故障的类型，当相关系数和 50Hz 处的偏差值都出现故障提示时，则该故障为短路故障；当扫频阻抗曲线 50Hz 处的偏差值及中高频段的相关系数不超过范围，但波形却出现变化时，该故障类型则为位移故障。具体判断方法如下：

（1）短路故障。短路故障发生时，其故障侧绕组的扫频阻抗曲线的 50Hz 阻抗会超过 2% 的判断范围，且相关系数也会明显的指出变压器已出现故障。同时，短路故障越严重，50Hz 处阻抗偏差也会越大，中高频处的扫频阻抗谐振点会整体向高频处偏移。

（2）轴向位移故障。变压器轴向故障发生时，其故障侧绕组的扫频阻抗曲线 50Hz 阻抗基本不会发生变化且相关系数也不会进入绕组故障的范围，但其波形会有较为特殊的变化，即低频时，波形基本相同；中频时，谐振点不变，幅值增大；高频时，幅值增大，谐振点向低频处偏移。

（3）径向位移故障。变压器径向故障发生时，其故障侧绕组的扫频阻抗曲线 50Hz 阻抗基本不会发生变化且相关系数也不会进入绕组故障的范围，但全频段的扫频阻抗曲线将随波峰、波谷的不同形成完全相反的走势，且谐振点基本不变：在曲线波峰处，其幅值将随故障程度的加剧逐渐减小；在曲线波谷处，幅值将随故障程度的加剧逐渐增大。该规律在中频段尤其明显，而低频段和高频段的故障曲线与正常曲线的重合度则较高。

（4）鼓包与位移故障。发生该故障时，50Hz 阻抗基本不会发生变化且相关系数也不会进入绕组故障的范围，但在低频与中频处，其波形基本不变，而在频率为 500kHz～1MHz 时，谐振点会向低频处偏移，且在该区域故障越严重，阻抗值越大。

（5）翘曲故障。50Hz 阻抗也基本不会发生变化且相关系数也不会进入绕组故障的范围，且在频率为 10Hz～200kHz 时波形基本不变，但在频率为 200kHz～400kHz 处，故障曲线会和正常曲线产生一个相反的波形趋势，同时在频率为 400kHz～1MHz 时，故障越严重，扫频阻抗曲线的幅值越大。

二、横向比较法

横向比较法是指对变压器同一电压等级的三相绕组扫频阻抗曲线特性进行比较，必要时借鉴同一制造厂在同一时期制造的同型号变压器的扫频阻抗曲线特性，用来判断变压器绕组是否变形。该方法不需要变压器原始的扫频曲线，现场应用较为方便，但应排除变压器的三相绕组发生相似程度的变形或者正常变压器三相绕组的扫频阻抗曲线本身存在差异的可能性。

三、极值点偏移率法

根据当前阻抗扫频曲线获得了各测量点的当前测量数据后，根据当前测量数据判断测量点是否为极值点，然后将是极值点的测量点存储于极值点集中。在极值点集中判断是否有连续的极值点，如果有，则剔除这些极值点，然后对剩余的极值点对应的测量数据进行一阶中值滤波平滑处理，然后继续判断剩余的测量点是否仍然为极值点，重复循环上述步骤，直到极值点集中的极值点都是不连续的为止，最后对极值点集中的极值点进行分析以得到变压器绕组变形的程度，如图 3-48 所示。

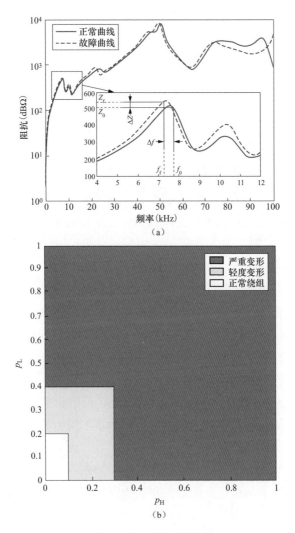

图 3-48　极值点提取、度量及绕组变形判据

（a）极值点提取、度量；（b）绕组变形判据

判定变压器绕组变形的程度具体步骤如下：获取极值点集中的各极值点在原始阻抗扫频曲线中的原始测量数据；根据原始测量数据和当前测量数据对应的频率偏移率和阻抗偏移率计算极值点的偏移率；根据极值点的偏移率和变压器绕组变形判断法则判定所述变压器绕组变形的程度。频率偏移率通过如下公式计算

$$\Delta f = \frac{|f_{\mathrm{f}} - f_{\mathrm{o}}|}{f_{\mathrm{o}}} \times 100\% \qquad (3\text{-}6)$$

式中：f_f 为该极值点在所述原始测量数据中的频率值，Hz；f_o 为该极值点在所述当前测量数据中的频率值，Hz。

阻抗偏移率通过如下公式计算

$$\Delta z = \frac{\left| z_f - z_o \right|}{z_o} \times 100\% \tag{3-7}$$

式中：z_f 为该极值点在所述原始测量数据中的阻抗值，Ω；z_o 为该极值点在所述当前测量数据中的阻抗值，Ω。

所述极值点的偏移率通过如下公式计算

$$\Delta p = \sqrt{(\Delta z)^2 + (\Delta f)^2} \tag{3-8}$$

根据所述极值点的偏移率和变压器绕组变形判断法则得到所述变压器绕组变形的程度具体包括：

在第一频率范围内（如 10Hz～100kHz）得到最大的极值点偏移率 Δp_L；

在第二频率范围内（如 100～200kHz）得到最大的极值点偏移率 Δp_H。

依据所述变压器绕组变形判断法则得到所述变压器绕组变形的程度。

其中，当 $\Delta p_L \geqslant 0.4$ 或 $\Delta p_H \geqslant 0.3$ 为第一程度变形，可以认为变压器绕组变形非常严重，此时无需比较当前阻抗扫频曲线上的极值点的数量与原始阻抗扫频曲线上的极值点的数量；

当 $0.2 \leqslant \Delta p_L < 0.4$ 或 $0.1 \leqslant \Delta p_H < 0.3$ 或所述当前阻抗扫频曲线上的极值点的数量与所述原始阻抗扫频曲线上的极值点的数量不同为第二程度变形，可以认为变压器绕组变形比较严重；

当 $\Delta p_L < 0.2$ 且 $\Delta p_H < 0.1$ 且所述当前阻抗扫频曲线上的极值点的数量与所述原始阻抗扫频曲线上的极值点的数量相同为第三程度变形，可以认为变压器绕组基本没有变形。

将扫频阻抗极值点偏移率法应用于变压器绕组变形检测，成功开展了 128 台主变压器（含自耦变压器、三圈变压器等）的绕组变形诊断工作，覆盖 110～1000kV 电压等级，准确诊断了 25 台绕组变形程度并经解体验证。对比相关系数法，本节提出的方法将绕组变形检出率提高了 28.0%，误检率降低了 4.9%。

第四节　扫频阻抗法现场应用

一、集成化测试系统

为了将该实验室扫频阻抗测试系统进行推广，本项目又开发了适用于现场测试的集成化扫频阻抗测试系统。通过多次实验室及现场测试可知，当扫频信号超过 200kHz 以后，由于试验电源的输出功率比较大，超过了 100W，会对高频测试数据产生一定的干扰，从而造成误差超过 5%的限定。因此，可将集成化系统的测试频率上限设定在 200kHz，如图 3-49 所示。

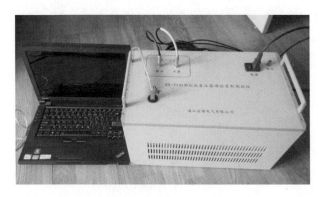

图 3-49　集成化扫频阻抗测试系统

同时，该集成化测试系统与实验室测量系统的分开设计不同，为了适应现场测试的方便,该系统将输出电源与高精度高速数据处理系统集成为一个机箱，并且将输出电源对数据处理系统的干扰降低到最小，造成的影响近乎为零。这样的轻便化设计能很好地满足现场测试的要求，节省测试时间，提高测试效率。

二、YJB 变电站测试

110kVYJB 2 号主变压器，型号为 SFSZ8-40000-110，如图 3-50 所示。

图 3-50　被试 110kV 三相三绕组变压器

该变压器容量为 40000kVA/40000kVA/20000kVA，联结组标号为 YNyn0d11，电压为 110±8×1.25%/37±2×2.5%/10.5kV，分接头均位于额定挡位。

1. 实验室测试系统结果

（1）低压侧短路高压测试扫频阻抗数据分析。利用实验室扫频阻抗测试系统，将变压器低压侧短路，高压侧测试，可得高压侧扫频阻抗曲线，分别如图 3-51 和图 3-52 所示。

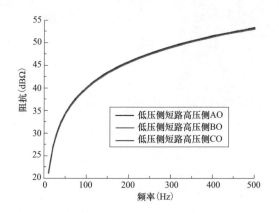

图 3-51　低压侧短路高压侧测试扫频阻抗低频曲线

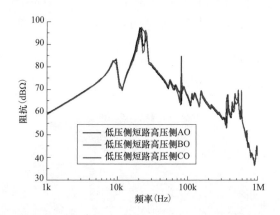

图 3-52　低压侧短路高压侧测试扫频阻抗高频曲线

由图 3-51 和图 3-52 可知，该大型变压器的扫频阻抗曲线具有多个谐振点，且波形走势符合变压器的频率响应特性变化，即在频率较低时，绕组对地电容和饼间电容的容抗较大，容抗 $X_C \gg$ 感抗 X_L，且电容与电感为并联关系，故阻抗变化主要由感抗分量所决定，由于感抗与频率为正相关，因此随着频率升高，阻抗增大。当频率升高到 200kHz 时，电路发生集总参数并联谐振，此时电路中的电流最小，因此阻抗最大。当频率进一步提高，由于容抗与频率为负相关，所以容抗 X_C 逐渐小于感抗 X_L，并联电路中的容抗因素开始起主导作用，造成阻抗曲线幅值下降。证明了扫频阻抗曲线能够有效地描述大型变压器的分布参数变化。从图 3-51 和图 3-52 上也可看到，在全频时 3 条曲线吻合较好。利用 50Hz 时的扫频阻抗值可得三相的短路阻抗，如表 3-31 所示。

表 3-31　　低压侧短路高压侧测试短路阻抗与铭牌短路阻抗值的比较

相位	测试短路阻抗（%）	铭牌短路阻抗（%）
A 相	17.52	17.70
B 相	17.13	17.70
C 相	17.40	17.70

根据表 3-31 可知，该变压器低压侧短路高压侧测试短路阻抗短路阻抗与铭牌值基本相同，这验证了该测试系统用于大型变压器的可靠性和准确性。

（2）低压侧短路中压侧测试扫频阻抗数据分析。将变压器低压侧短路，在中压侧测试，可得中压侧扫频阻抗曲线，分别如图 3-53 和图 3-54 所示。

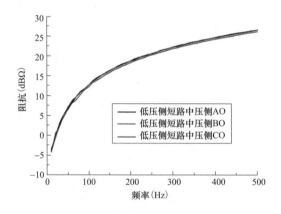

图 3-53　低压侧短路中压侧测试扫频阻抗低频曲线

由图 3-53 和图 3-54 可知，在低频时，BO 阻抗值较小。当频率为 10kHz 时，3 条曲线出现了一定差别，具体为 AO 和 CO 重合度较高，而 BO 略有不同，此与变压器结构不同有关，因 A 相和 C 相为轴对称关系，故吻合度较高。利用 50Hz 时的扫频阻抗值，可得三相的短路阻抗，如表 3-32 所示。

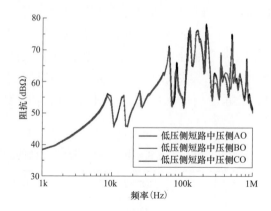

图 3-54　低压侧短路中压侧测试扫频阻抗高频曲线

表 3-32　　低压侧短路中压侧测试短路阻抗与铭牌短路阻抗值的比较

相位	测试短路阻抗（%）	铭牌短路阻抗（%）
A 相	6.37	6.39
B 相	6.15	6.39
C 相	6.59	6.39

根据表 3-32 可知，该变压器三相低压侧的测试短路阻抗与铭牌值差别不大。

（3）中压侧短路高压侧测试扫频阻抗数据分析。将变压器中压侧短路，在高压侧测试，可得高压侧扫频阻抗曲线，分别如图 3-55 和图 3-56 所示。

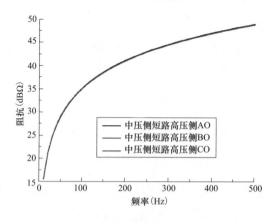

图 3-55　中压侧短路高压侧测试扫频阻抗低频曲线

由图 3-55 和图 3-56 可知，全频时三相吻合较好。利用 50Hz 时的扫频阻抗值可得三相的短路阻抗，如表 3-33 所示。

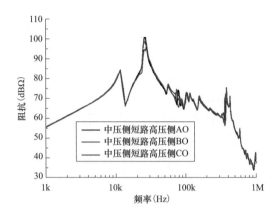

图 3-56　中压侧短路高压侧测试扫频阻抗高频曲线

表 3-33　　　中压侧短路高压侧测试短路阻抗与铭牌短路阻抗值的比较

相位	测试短路阻抗（%）	铭牌短路阻抗（%）
A 相	9.58	10.10
B 相	9.42	10.10
C 相	9.46	10.10

根据表 3-33 可知，该变压器三相高压侧的测试短路阻抗与铭牌值基本相同，这进一步验证了该测试系统的可靠性和准确性。

（4）中压侧短路低压侧测试扫频阻抗数据分析。将变压器中压侧短路，在低压侧测试，可得低压侧扫频阻抗曲线，如图 3-57 所示。

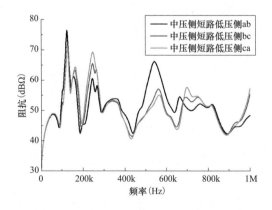

图 3-57　中压侧短路低压侧测试扫频阻抗全频曲线

由图 3-57 可知，在低频时，3 条曲线差别较小。当频率为 150kHz 时，3 条曲线出现了一定差别，具体为 bc 和 ca 重合度较高，而 ab 差别较为严重，主要表现为在频率为 200～600kHz 时，ab 曲线的波峰幅值较小，波谷幅值较大。该规律在中频段尤其明显，而低频段和高频段的故障曲线与正常曲线的重合度则较高。根据前面的判据认为该低压绕组可能存在径向位移故障。

2. 集成化测试系统结果

使用集成化测试系统对杨家埠 2 号变压器同时进行了测试，其结果如图 3-58 和图 3-59 所示。

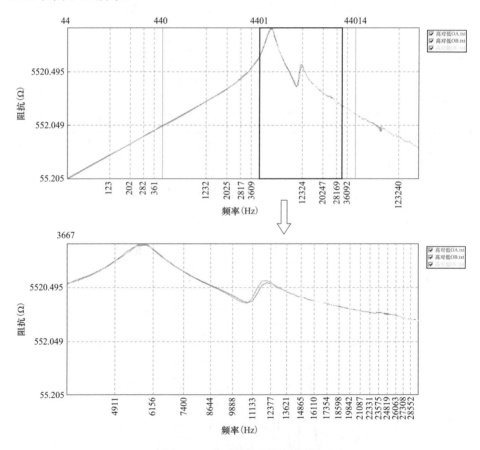

图 3-58　高对低扫频阻抗曲线

计算出在变压器低压侧短路，高压侧三相的 50Hz 处扫频阻抗值，如表 3-34 所示。

计算出在变压器中压侧短路，高压侧三相的 50Hz 处扫频阻抗值，如表 3-35 所示。

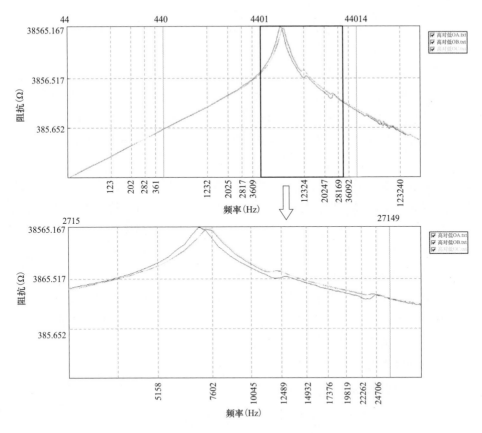

图 3-59　高对中扫频阻抗曲线

表 3-34　　低压侧短路高压侧测试短路阻抗与铭牌短路阻抗值的比较

相位	测试短路阻抗（%）	铭牌短路阻抗（%）
A 相	17.24	17.70
B 相	16.84	17.70
C 相	17.12	17.70

表 3-35　　中压侧短路高压侧测试短路阻抗与铭牌短路阻抗值的比较

相位	测试短路阻抗（%）	铭牌短路阻抗（%）
A 相	9.46	10.10
B 相	9.58	10.10
C 相	9.50	10.10

由表 3-34 和表 3-35 可知，该集成化扫频阻抗测试系统能够较好地得到变

压器的短路阻抗值，且该值与实验室测试系统得到的结果基本相同（误差主要为两个测试系统内部硬件结构及外部接线不同所造成），故该集成化系统能够满足绕组变形检测的需求。

（1）扫频阻抗法结合了频率响应分析法和短路阻抗法的优点，在测试原理和分析方法上实现了突破。通过 ATP 仿真研究对变压器发生短路故障、轴向位移故障及径向位移故障时的扫频阻抗曲线进行了研究，证明了扫频阻抗法的可行性。

（2）在实验室内搭建了一套扫频阻抗测试系统，通过该系统又对短路故障、轴向位移故障及径向位移故障进行了测试及分析，并对绕组变形等效物理模型的扫频阻抗进行测试。搭建了集成化的扫频阻抗测试系统，提出了基于扫频阻抗法的变压器绕组变形判据。经过现场实测证明了该扫频阻抗集成化系统能够有效得到变压器绕组状态。

（3）提出了一种从频谱图像提取峰谷值点（极值点），并用极值点的偏移程度判断变压器绕组变形的方法。按操作流程具体可分为幅频特性曲线极值点提取方法、极值点偏移度量方法和绕组变形判断法则三部分。方法准确诊断了25 台绕组变形程度并经解体验证，可以解决和改善相关系数法的固有缺陷，方法所需要的数据输入可由扫频阻抗测试方法获得，方法内容易程序化，方法输出为绕组变形程度，可直接为用户提供诊断结论。

第四章　变压器机械缺陷在线监测技术

目前变压器机械缺陷在线监测技术存在以下困难：一是缺乏有效的机械状态在线实时感知手段，无法及时有效预警在运变压器机械缺陷、确定停电窗口，导致设备故障停运；二是常规绕组机械缺陷诊断性试验漏检、误检率高，无法准确诊断绕组机械状态和失稳程度，导致缺陷设备投运、正常设备解体；三是初始机械稳定性评估不能覆盖设备全寿命周期，无法考虑运行阶段设备绝缘劣化、多次短路冲击累积效应等造成机械稳定性下降，设备运行风险增大，易短路损坏。本章主要介绍利用变压器振动特性及电气熵值实现变压器机械稳定性的在线监测。此外，还介绍了基于容性设备末屏电流反演计算的电网过电压在线监测技术。

第一节　基于声纹振动的变压器机械缺陷感知诊断技术

变压器振动分析法是变压器监测的一种有效方法，它对变压器的机械结构特征反应灵敏。变压器因器身的材料材质、设计参数、制造尺寸、安装方式、运行工况等因素的不同，在运行中产生的振动及其特性存在较大差异。由于上述的因素除运行工况外都在变压器出厂时就确定的，因此在排除运行工况影响外，特定变压器的振动具有确定的振动特性，而且能够有效反映绕组变形、松动和移位等机械结构参数的变化，从而为判断变压器机械稳定性提供依据。振动分析法的另一个主要特点是它与整个电力系统没有电气连接，对整个电力系统的正常运行无任何影响，可以快速、安全、可靠地达到长期实时带电监测，从而达到对变压器机械特性进行动态和趋势分析等的目的。同时，将振动分析法作为变压器短路故障后的跟踪诊断手段替代绕组变形测试或低电压短路阻抗测试，可以大大减少短路故障后变压器停役诊断的时间，能够及时恢复送电，减少供电损失，具有很大的经济效益和社会效益。

一、变压器振动机理及传播途径

利用变压器振动特性实现在线监测变压器机械稳定性能是建立在变压器的振动基础上，因此对变压器的振动机理进行研究是有必要的。1980 年左右，一些变压器制造厂陆续对变压器振动噪声进行了试验研究。变压器铁芯和绕组的基本工作原理如图 4-1 所示。

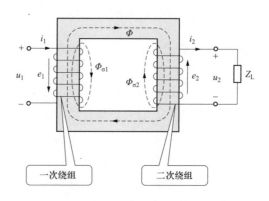

图 4-1　变压器基本工作原理

电力变压器的振动主要由于变压器本体（绕组、铁芯等的统称）的振动产生，对变压器的状态监测也主要是针对绕组、铁芯的状况监测。变压器绕组及铁芯的振动会通过变压器油和支撑部件传到油箱壁上，所以通过监测变压器油箱壁上的振动就可以反映出绕组和铁芯的振动。

（一）变压器铁芯振动机理

研究表明，变压器铁芯的振动来源于：

（1）硅钢片的磁致伸缩引起铁芯振动；

（2）硅钢片接缝处和叠片之间存在的漏磁产生的电磁力引起的振动。

近年来由于铁芯制造工艺和结构上的改进以及铁芯工作磁通密度的降低，使硅钢片接缝处和叠片间的电磁力引起的铁芯振动变得很小。因此可以认为，铁芯的振动主要来自硅钢片的磁致伸缩效应。下面简介磁致伸缩的原理：

铁磁晶体在外磁场中被磁化时，其长度和体积均发生变化，这种现象称为磁致伸缩效应。磁致伸缩与磁感应强度的平方成正比，磁致伸缩的变化周期为电源电流周期的一半，故磁致伸缩引起的铁芯振动是以电源频率的两倍为基频。由于铁芯磁致伸缩的非线性，以及沿铁芯内框与外框的磁通路径长短不同等原因，铁芯振动频谱中除基频外，还包含其他高次谐波成分。

（二）变压器绕组振动机理

绕组的振动是由电流流过绕组时在绕组间、线饼间、线匝间产生的动态电磁吸引力引起的。变压器绕组在负载电流与漏磁产生的电动力作用下振动，并通过绝缘油传至油箱。如果高、低压绕组中一者发生变形、位移或崩塌，那么绕组间压紧力不够，使得高、低压绕组间高度差逐渐扩大，绕组安匝不平衡加剧，漏磁造成的轴向力增大，则绕组的振动加剧，如图 4-2 所示。

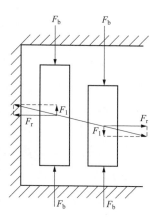

图 4-2　绕组受力分析

目前比较常用的绕组振动模型是采用一个质量-弹簧-阻尼系统，导体等效为质量块 m，绕组之间的绝缘体等效为弹簧 k，阻尼 c 则主要由变压器油产生，在电磁力 f 作用下对应的振动位移 x 的微分方程为

$$m\ddot{x} + c\dot{x} + kx = f \tag{4-1}$$

绕组受到的电磁力与电流平方成正比，电磁力与电流的关系可以写成式（4-3）所示，其中 K 是常量

$$i(t) = \sqrt{2}I\cos(\omega t + \theta) \tag{4-2}$$

$$f \propto i^2, f = KI^2[\cos(2\omega t + 2\theta) + 1] \tag{4-3}$$

假设初始状态为零，式（4-1）所示的稳态响应如式（4-4）所示，其中 $a(t)$ 表示振动位移的加速度

$$a(t) = KI^2\cos(2\omega t + 2\theta + \varphi) \tag{4-4}$$

根据式（4-4）可知，在不考虑绕组振动的非线性情况下，绕组振动加速度的幅值正比于负载电流的平方，振动的频率是电流频率的 2 倍，即 100Hz。由以上分析可知，如果绕组振动经过绝缘油等介质传递到油箱表面的过程是简单衰减和线性的，且变压器油箱是一个线性系统，则油箱表面上的振动信号幅值也与负载电流的平方成正比，频率为 100Hz。

实际上绕组自身的绝缘材料具有较强的非线性特性，这会导致绕组的振动在较大时（亦即较大负载电流情况下）呈现明显的非线性特征，很多研究认为垫块在一定压力范围内可以表示为式（4-5）

$$\sigma = a\sigma + b\varepsilon^3 \tag{4-5}$$

其中 σ 和 ε 分别表示绕组绝缘垫块的应力以及应变，a 和 b 为常数，联立式（4-1）及式（4-5）可得绕组非线性振动模型

$$m\ddot{x} + c\dot{x} + ax + bx^3 = f \tag{4-6}$$

式（4-6）是典型的非线性 Duffing 方程，稳态解中包含有二次项和三次项，实际上还应该包括激励频率的高次谐波项。在大负载下，绕组的振动表现出较强的非线性，此时绕组振动中除了 100Hz 主要成分外，还会出现 200、300Hz 等高次谐波成分。

（三）变压器振动的传播

变压器本体（铁芯、绕组的统称）及冷却系统的振动信号会以各种途径向油箱壁传播，如图 4-3 所示。

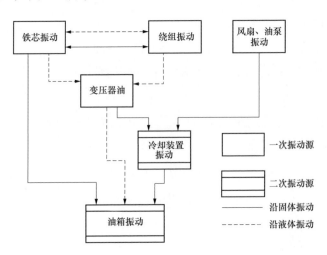

图 4-3　变压器振动传播途径

铁芯的振动是通过两条途径传递给油箱的，一条是固体传递途径——铁芯的振动通过其垫脚传至油箱；另一条是液体传递途径——铁芯的振动通过绝缘油传至油箱；风扇、油泵等冷却装置的振动通过固体传递的途径也会传至变压器油箱。

绕组的振动主要通过绝缘油传至油箱引起变压器器身的振动。三相结构变压器在三相负载运行情况下，油箱壁上的振动是各绕组振动通过绝缘油等介质传递、衰减在油箱壁上叠加的结果。由前面讨论可知，油箱壁上的绕组振动加速度可以表示为

$$a(t) = K_A i_A^2 + K_B i_B^2 + K_C i_C^2 \tag{4-7}$$

式中：i_A、i_B 和 i_C 分别表示 A、B、C 三相的负载电流，kA；K_A、K_B 和 K_C 为各相绕组振动的传递系数。在变压器三相负载平衡时，i_A、i_B 和 i_C 幅值相等，相位相差 120°。由式可知，三相绕组振动在油箱壁上叠加的振动 100Hz 成分幅值也应正比于负载电流的平方。

变压器绕组振动也有一部分经铁芯及其紧固件传至油箱壁，这部分振动主要反映在油箱体底部区域。

通过上述的振动传播，变压器绕组、铁芯的振动及冷却装置的振动通过各种途径传递至变压器箱体表面，引起变压器器身的振动。由于风扇、油泵振动引起的冷却系统振动的频谱集中在 100Hz 以下，这与本体的振动明显不同，可以比较容易地从变压器振动信号中分辨出来，比如可以通过一截止频率低于100Hz 的低通滤波器滤除这部分的振动信号。

（四）变压器油箱振动特性

油箱表面的振动不仅与振动源（变压器本体的振动）和振动传递相关，还受油箱体本身机械结构特性的影响。油箱体本身基本上属于线性结构，而且其低阶模态的自然频率远低于绕组和铁芯振动的频率，不会改变由绕组和铁芯传递到油箱的振动特性，故油箱表面上的绕组振动 100Hz 成分理论上与负载电流平方成正比。

油箱体结构除大部分由平板组成外，还包含有加强筋及其他不规则结构，这些复杂的结构具有非线性特性。在加强筋结构中，加强筋明显影响了振动能量的正常传递路径，对比平板结构能量会有一定的反射出现。

二、变压器绕组变形故障及其振动特性

通过制作试验变压器模型，模拟不同位置、不同程度的匝间短路故障，实现变压器绕组变形故障及其振动特性的研究分析。例如，当变压器某相绕组发生径向位移时，移动的部分与变压器外壳、铁芯及其他健全相间的电容量将发生明显变化，这时，只需在试验变压器对应位置的抽头与地及相邻绕组间并接合适的电容电感即可；又如，当变压器绕组在短路电流作用下发生局部压缩时，可等效为故障部分绕组轴向长度变短，其相应分布电容将发生改变，可以通过并接电容进行模拟；而对于匝间短路的故障形式，仅需通过导线将待模拟部位的抽头连接即可。

（一）正常变压器振动特性

正常变压器在额定电压及额定电流下振动特性如图 4-4 所示。由图 4-4 可

知，变压器绕组振动主要集中在100Hz基频，而铁芯振动除了100Hz外，还存在大量高次谐波，此现象主要由硅钢片磁致伸缩的非线性导致。

变压器铁芯振动特性同空载电压及分接开关位置的关系如图4-5所示。

变压器绕组振动特性同负载电流平方的关系如图4-6所示。由图可知，变压器绕组振动特性及其负载电流平方呈近似线性关系，而在X1分接开关位置时，流过相同负载电流时绕组的振动幅值明显高于X4分接开关位置时。

（二）绕组鼓包及位移故障

变压器绕组设计时，高低压绕组上下部绝缘端圈相互独立。其中高压绕组上下部绝缘端圈与铁芯之间使用紧固螺栓压紧。可通过调节高压绕组上下部的紧固螺钉调节高压绕组的高度，从而实现高低压绕组的轴向位移。

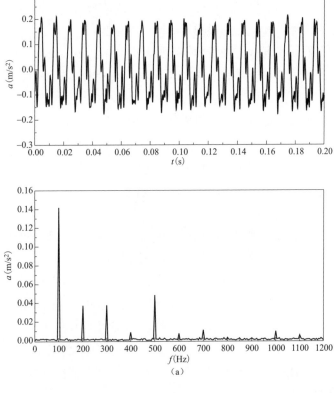

图4-4　正常变压器振动特性（一）

（a）空载振动特性

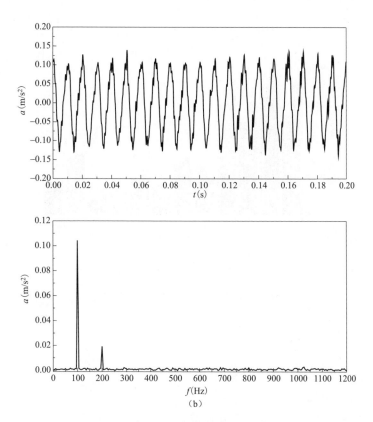

图 4-4　正常变压器振动特性（二）

（b）负载振动特性

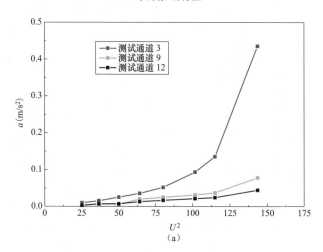

图 4-5　变压器铁芯振动特性（一）

（a）铁芯振动同空载电压关系

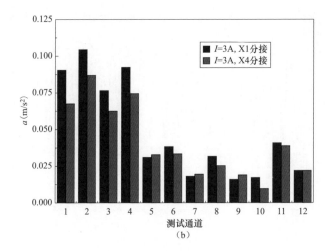

图 4-5 变压器铁芯振动特性（二）

（b）铁芯振动同变压器分接开关位置的关系

绕组的轴向位移会对变压器带来如下影响：

（1）改变两个绕组的轴向短路力；

（2）降低变压器的抗短路能力；

（3）降低绕组轴向稳定性。

预设的变压器鼓包与轴向位移故障，具体为两柱上的高压绕组轴向上移，并在高压绕组与低压绕组中增加介质，使得高压线圈向外凸起，低压线圈向内凹陷，从而实现全绕组的鼓包，具体预设故障情况如表 4-1 所示。

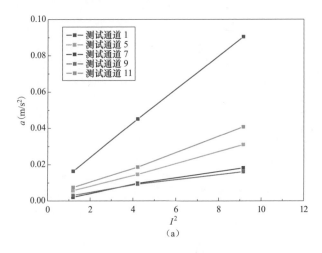

图 4-6 变压器绕组振动特性（一）

（a）分接位置 X1

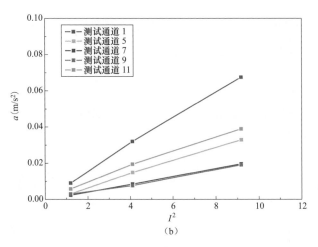

图 4-6 变压器绕组振动特性（二）

（b）分接位置 X4

表 4-1   预设变压器绕组鼓包及位移故障情况

变压器状况	轴向上移（mm）	位移距离（mm）
正常	0	0
预设故障	23	9

在预设鼓包故障情况下，变压器空载振动特性对比如图 4-7 所示，试验条件为在 10kV 电压等级的单相变压器上施加 12kV 的电压。由图 4-7 可知，在存

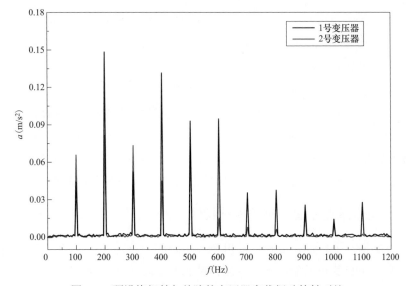

图 4-7 预设绕组鼓包故障的变压器空载振动特性对比

在鼓包及轴向位移故障的情形下，变压器空载振动频谱中，100Hz 分量下降约 33.3%，而其他固有振动频率均存在大幅度上升趋势，特别是 400Hz 频率处，涨幅达 200%。

低压侧短路情况下，变压器振动特性对比如图 4-8 所示。由图 4-8 可得，存在鼓包故障的变压器振动基频分量较绕组未变形情形增长 25%，而 300Hz 分量则呈现大幅减小的趋势。

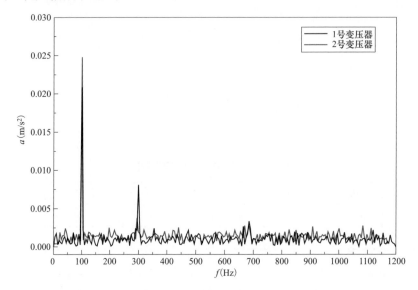

图 4-8　鼓包及位移故障时变压器低压侧短路振动信号对比

预设的变压器翘曲故障，具体预设为左铁芯柱上的高压绕组最外层线圈全部轴向向上翘曲 4mm，右铁芯柱上的高压绕组最外层线圈全部轴向向下翘曲 4mm，且两者皆径向外扩 4mm。

预设翘曲故障的变压器空载振动特性如图 4-9 所示。

由图 4-9 可知，在存在翘曲故障时，变压器振动信号中，100Hz 基频分量下降 50%，200Hz 和 400Hz 分量大幅度下降，而 300Hz 及 500Hz 分量大幅度上升，增长幅度可达 200%。图 4-10 为绕组存在翘曲故障时负载振动特性，可以看出，在 67.6% 负载电流时，存在翘曲故障的绕组基频振动信号增幅为 50%。

三、变压器直流偏磁时的振动特性

变压器是一个电场、磁场、温度场、声场和力场等各类"场"交杂的静止高压电器。在交变磁场作用下，变压器铁芯发生磁致伸缩变形产生振动；在电磁力作用下，变压器绕组和油箱产生振动，这是变压器运行时的正常现象。但

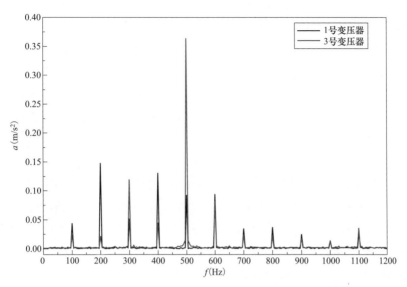

图 4-9 绕组翘曲故障时空载振动特性

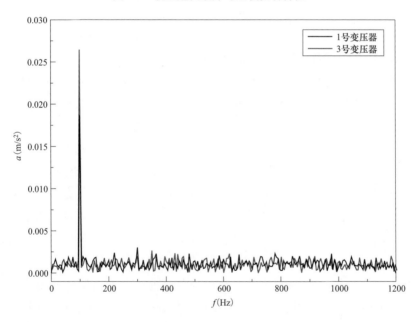

图 4-10 绕组翘曲故障时负载振动特性

当变压器在非正常励磁和超负荷运行时，其振动会发生显著变化，如振动的幅度变大、频率变高等，使变压器发出异常声响。尤其当变压器（中性点接地）的中性点通过直流电流时，会引起变压器铁芯直流偏磁现象，导致变压器铁芯处于饱和或过饱和状态，使变压器产生异常振动，严重时会导致包括绕组和铁芯自身的变压器内部紧固件发生松动、变形及铁芯发热等故障。

（一）变压器直流偏磁振动信号的主要特征

从已有直流偏磁理论可知，绕组励磁电流正半周在较短时间内可以使得铁芯磁通饱和，致使其磁致伸缩位移量接近最大，并产生很大的力，通过绝缘油对油箱壁造成冲击。在励磁电流正半周的大部分时间里铁芯磁致伸缩位移量总是很大，但变化较小，使得油箱振动高频成分较为丰富。而在励磁电流负半周磁致伸缩位移较小，冲击力较小，位移量变化近似是线性的。一个励磁周期的两个半周期油箱受到的力是不平衡的：在铁芯磁通饱和半周，油箱受到磁致伸缩力较大，其振动并有鲜明的冲击特征，而磁通未饱和半周油箱的受力较小。在不同大小的两个半周期力的共同作用下，油箱的周期性振动信号产生。因此，振动信号一个周期的两个半周期相似度较差，于是可以得出偏磁的第一个特征也是最鲜明的特征：直流偏磁振动信号的一个周期的两个半周期信号差异很大。

其次，由于铁芯磁致伸缩的饱和特性，在一定幅值的励磁电流的作用下铁芯达到磁通饱和，此后励磁电流半周期一段时间内铁芯磁通都处于饱和状态，磁致伸缩位移改变量很小，只是对铁芯振动高频成分影响较大，也就是对振动加速度影响较大。若励磁电流继续增大，铁芯磁致伸缩产生的形变力也不会再有显著地改变。因此油箱振动总能量在一定幅值范围内随偏磁电流的变化较小，这是偏磁振动的第二个特征，即直流偏磁振动能量在偏磁电流达到某个值后进入饱和，在振动信号上表现为主要振动频带上的能量饱和。

第三点，振动信号的总体能量饱和后，铁芯磁通还是会随着励磁电流的增大有所增加，高频成分幅度也会随之增加。此外，部分零序谐波磁通可能会在空气和油箱壁中构成回路，造成油箱壁自身的振动增加。也就是说，振动信号随着中性点电流的增加将会产生更加严重的畸变。从信号分解的角度看，随着中性点直流的增加，振动信号高频段信息增加了；从总体来看，信号自身含有的信息更加丰富，信号变得复杂。

由于漏磁场的改变量相对于绕组自身负载电流产生的漏磁场来说是很小的，因此偏磁对绕组自身振动的影响相对于负载电流产生的影响来说较小。

（二）偏磁和负载电流对振动的影响

表 4-2 是某变压器直流偏磁时和没有直流偏磁时的各个测点的振动峰峰值。两次的测试是在相同的时间段，变压器负载水平接近。从两次的测试情况看，主变压器在直流偏磁情况下每相的振动峰峰值最大值均达到了 $3g$ 以上，个别测点接近 $4g$。而正常时峰峰值最高在 $0.7 \sim 0.8g$。从平均值来看，偏磁振动幅值比正常振动幅值增大 4 倍以上，也就是说，能量增大可能达 16 倍以上。如

果换算到声音强度单位分贝（dB），那么平均能够增大 12dB，变化最大的地方可增大 15dB。

实际上，如果考虑人耳朵的听力特性，基于 A 计权声强计算实际偏磁振动信号产生的声音比上面数值还要大。

表 4-2　　　　　变压器有直流偏磁和无直流偏磁时的振动峰峰值

有直流偏磁				
振动加速度（×g）	测点 1	测点 2	测点 3	测点 4
1 号　C 相	2.40	3.10	0.93	1.44
1 号　B 相	3.03	2.42	0.74	1.70
1 号　A 相	3.95	2.51	0.84	0.97
2 号　C 相	2.07	2.62	0.99	0.88
2 号　B 相	2.45	3.77	0.95	1.14
2 号　A 相	2.89	1.01	2.40	1.17
无直流偏磁				
振动加速度（×g）	测点 1	测点 2	测点 3	测点 4
1 号　C 相	0.42	0.79	0.37	0.38
1 号　B 相	0.50	0.47	0.20	0.36
1 号　A 相	0.71	0.51	0.27	0.33
2 号　C 相	0.74	0.82	0.32	0.33
2 号　B 相	0.71	0.75	0.29	0.25
2 号　A 相	0.45	0.69	0.31	0.30

变压器在额定电流正常工作时的噪声是 72dB，如果变压器在大负载时发生直流偏磁，那么噪声将会达到难以接受的程度。因此适当降低负载会对降低振动噪声有明显的作用。但是如果变压器运行在较低负载（比如 50%负载以下）的情况下，降低负载的效果并不明显。此外，需要注意的是，适当降低负载有助于变压器的偏磁产生的热量散发，因此是有积极意义的。

（三）偏磁状态振动及其特征分析

图 4-11 是直流输电单极运行时以及正常情况下变压器的振动信号波形和频谱。从图 4-11 中可以看到直流偏磁振动信号一个周期的两个半周期的波形幅值和震荡模式全然不同，一个半周期有三个波峰，而另外半个周期则有四个波峰，与前面所说的原理所导致的现象相同。此外，可以明显发现偏磁振动信号的频率较正常情形下的振动信号有明显的升高，也就是说高频段的能量增

变压器机械缺陷检测与诊断

加很快。

图 4-12 是变压器振动信号的幅度有效值随中性点电流直流分量的变化趋势。黑色的细虚线（对应于时间段 11:53-12:53）表示在没有直流单极运行的情况下测试得到的中性点的直流数据。蓝色的细虚线（对应于时间段 11:53-12:53）表示在没有直流单极运行的情形下得到的振动数据的有效值。从图中可以看出，中性点直流在很小的情况下（约不到 2A 时，实际分配到三相也就是每相仅需要 0.6A 左右的直流分量）就使得油箱振动的峰值接近一个饱和的状态。当然，中性点直流的增加导致振动高频分量的大量增加，1000Hz 频带的信号明显增强。而人耳朵对 1000Hz 左右的信号成分最为敏感，感觉到变压器的声音增加。

图 4-13 是变压器振动主要频率成分随中性点电流直流分量的变化趋势。图 4-14 是振动工频和 2 倍频成分随中性点电流直流分量的变化趋势。图 4-15 是高频成分随中性点电流直流分量的变化趋势。

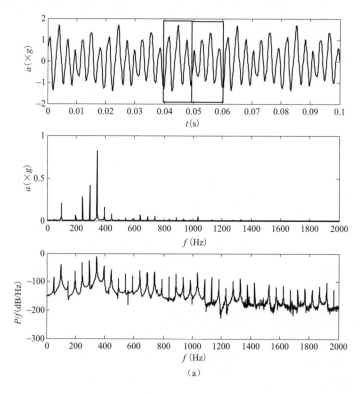

图 4-11　变压器振动信号波形和频谱（一）

（a）有直流偏磁时

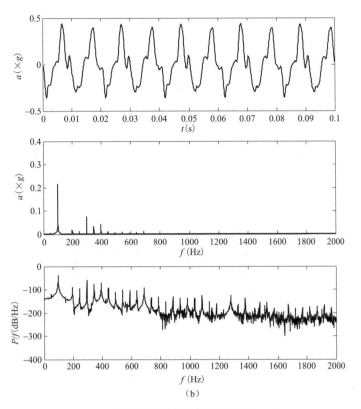

图 4-11　变压器振动信号波形和频谱（二）

（b）无直流偏磁时

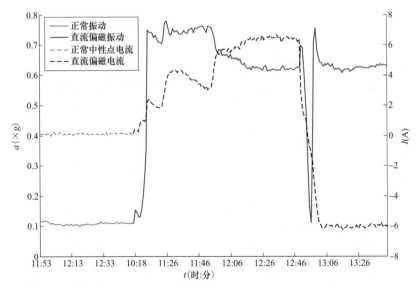

图 4-12　变压器振动信号的幅度有效值随中性点电流直流分量的变化趋势

从图 4-13 中可以看到，主要频带 300/350/400Hz 的能量较高，较小的中性点直流电流就已经使得该频段的能量饱和。这是前面所提及的饱和能量特征的重要体现。在中性点直流电流突然变化时，400Hz 成分的变化最为显著，可以认为 400Hz 是本变压器的一个特征频率点。100Hz 成分的变化和中性点直流电

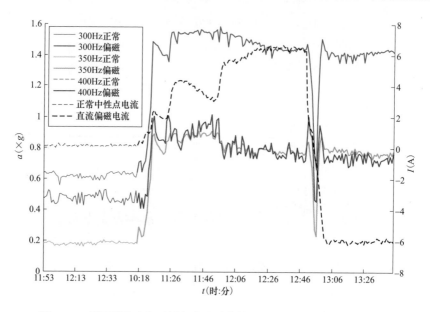

图 4-13 变压器振动主要频率成分随中性点电流直流分量的变化趋势

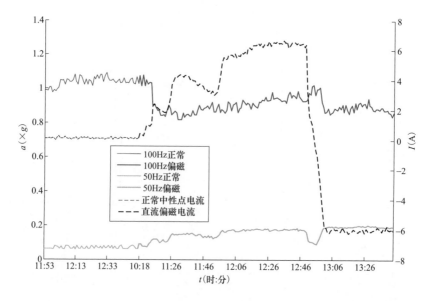

图 4-14 变压器振动工频和 2 倍频成分随中性点电流直流分量的变化趋势

流没有明显的联系。而根据前面介绍，100Hz 成分受到绕组（负载）电流的影响更大，这表明绕组的振动并没有受到偏磁太大的影响。从图 4-15 中可以看出，高频成分的变化较好地反映了中性点直流电流的变化，这也是振动第三个特征的重要体现。

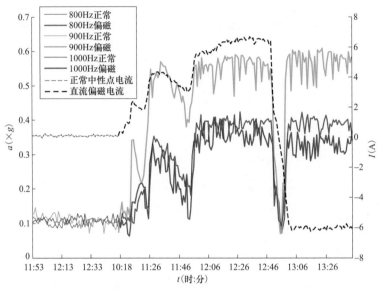

图 4-15　变压器振动高频成分随中性点电流直流分量的变化趋势

四、变压器短路冲击时的振动特性

利用人工短路的试验方式，监测变压器在运行过程中发生短路故障时的振动信号，得到变压器在承受系统短路时的振动信号的特性变化，分析其振动的变化、波形的变化、振动幅值的变化及短路电流大小、波形对振动特性的影响等。

图 4-16 是变压器短路冲击振动过程的波形。从图 4-16 中可以看出，由于短路电流大，测点出现超出量程（峰峰 5g）的情形。冲击过程具备大能量的波形时间间隔较长，为 60～80ms。除去开始阶段，整体波形震荡模式并不复杂，平均频率约为 300Hz。

图 4-17 是变压器短路冲击前后振动信号波形及频谱对比。从图 4-17 中可以看出变压器在冲击前后波形相似度高，振幅基本一致。也就是说，冲击并未对变压器造成明显的影响。

图 4-18 是变压器在冲击过程中的振动信号波形及细节。由于是冲击瞬态过程，波形是非周期和非平稳的，因此并不适于采用谐波分析方法。此台变压器热工接地最大峰值为 5740A，共持续 80ms 后切除。再经过 840ms 后重新合闸

并继续带负载，这时，短时电流过冲，峰值 2850A。冲击波形中较大能量的部分仅持续了大约 30ms，按照波峰和波谷来分的话频率成分较为单一，大约为 300Hz。

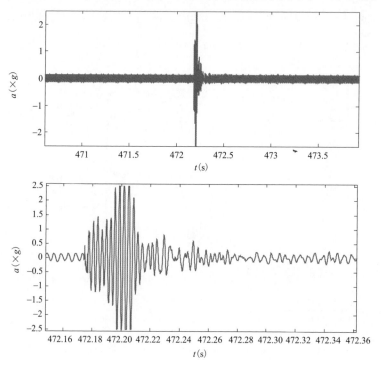

图 4-16　变压器短路冲击振动过程的波形

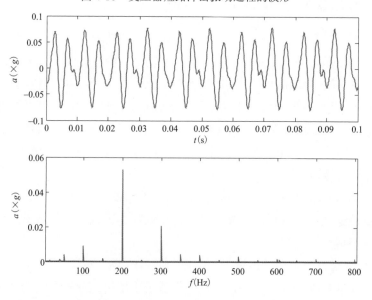

图 4-17　变压器短路冲击前后振动信号波形及频谱对比（一）

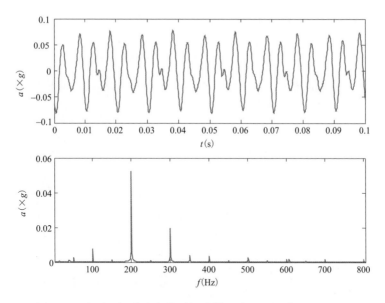

图 4-17　变压器短路冲击前后振动信号波形及频谱对比（二）

图 4-19 是变压器冲击前后波形及频谱，从中可以看出冲击前和冲击后的一小段时间内的波形很相似，只是冲击后振动略小一些。可以推断冲击前的振动主要由铁芯振动构成，也就是说负载是很小的。但也可以看出系统在冲击前后的响应并未发生大的变化，也说明这样小的冲击并未对绕组造成显著影响。

图 4-20 是变压器重合闸 5s 后振动信号波形及频谱。由于重合闸发生了一次短时电流过冲的情形，最大峰值电流为 2850A，从中可以看出这个振动过程并不是单纯的由于绕组振动产生的。根据经验，纯粹为 50Hz 谐波的电流产生的振动将以 100Hz 为主要成分。但这里的情形是主要频率分量是 250Hz 和 350Hz，结合振动缓慢下降的过程推断这个过程是铁芯的磁场出现了类似上电偏磁的情形，而过冲电流是由于励磁电流造成的。

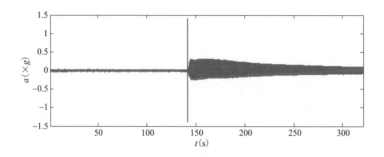

图 4-18　变压器短路冲击振动过程振动信号波形及细节（一）

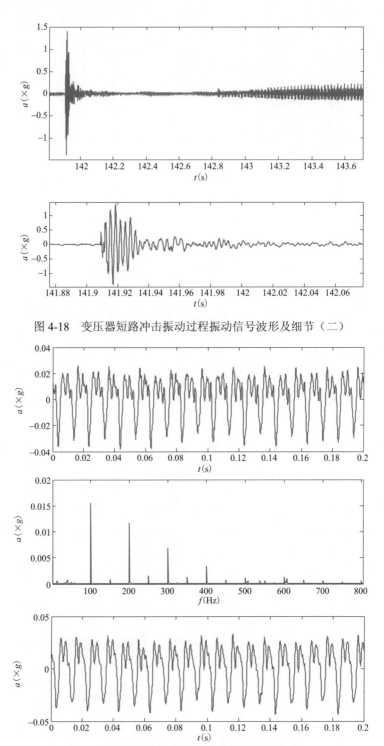

图 4-18　变压器短路冲击振动过程振动信号波形及细节（二）

图 4-19　变压器重合闸短路冲击前后波形及频谱（一）

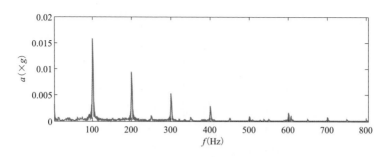

图 4-19　变压器重合闸短路冲击前后波形及频谱（二）

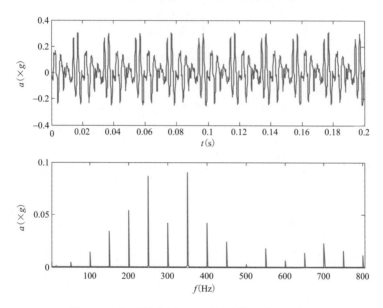

图 4-20　变压器重合闸 5s 后振动信号波形及频谱

五、基于频谱复杂度的变压器振动数据分析

以某变电站主变压器实际测试数据为例，介绍基于频域复杂度的变压器振动数据分析方法。该台变压器型号为 SFSZ8-40000-110，联结组标号为 YNyn0d11。额定电压为 110±8×1.25%/37±2×2.5%/10.5kV。该主变压器 1995 年 12 月出厂，1996 年 2 月投运，自投运以来，运行情况较好，未进行主变压器 A 级检修。在 1996 年完成交接试验后，分别在 1997、1999、2001、2002、2004、2006、2013 年进行了 C 类检修，2014 年进行了 B 类检修，主要内容包括：停电试验前的主变压器振动测试（包括空载和带负荷两种工况），停电例行试验和扫频阻抗测试，以及更换主变压器中性点渗油套管。振动测试主要对变压器油箱表面的振动加速度进行了测试，分别测试了变压器高压侧与低压侧套管下方不同位置的

振动加速度。油箱高压侧布点位置如图 4-21 所示。

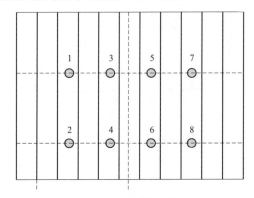

图 4-21　某实际变压器振动测试测点布置

（一）波形频谱分析

高压侧 8 个测点波形和频谱分别如图 4-22 和图 4-23 所示。

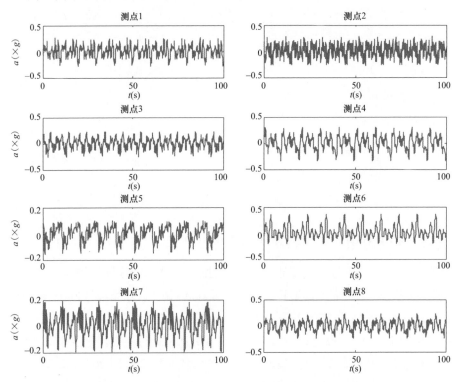

图 4-22　高压侧测点振动时域图

从图 4-22 和图 4-23 中可以看出该台变压器频率分量较为复杂，有较多的高频分量，最大振动频率超过 2000Hz，存在较为明显的振动异常。

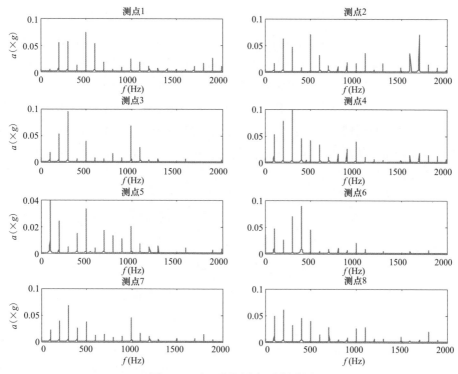

图 4-23 高压侧测点振动频谱图

（二）频率复杂度分析

由于电力变压器体积较大，工作时内部绕组各点的振动皆不相同。另外，由于油箱结构的不一致性和绕组振动传播过程的复杂性，油箱表面上的振动并不都能有效地体现变压器绕组的状况。因此，对油箱表面的振动信号进行研究分析，合理地选择振动测点位置对实现电力变压器振动在线状态监测和故障诊断是至关重要的。在设定好振动信号采集位置后，可利用频率复杂度计算采集到的变压器振动信号，从而能够对变压器故障与否进行量化判断，定义油箱壁振动频率成分的复杂度

$$H = -\sum_f P_f \log_2 P_f \tag{4-8}$$

其中，P_f 为油箱壁振动频率为 f 的谐波比重

$$P_f = \frac{S_f^2}{\sum S_f^2} \tag{4-9}$$

谐波比重表示的是频率为 f 的谐波分量所占比重，S_f 为每个谐波频率所对应的幅值。在工频为 50Hz 的交流电流下，变压器油箱壁振动谐波频率 f = 100，200，…，1000Hz。频率成分的复杂度 H 反映的是信号中频率成分的复杂性。频率成分复杂度越低，油箱壁振动能量越集中于少数几个频率成分。相反频率

成分复杂度越高，能量越分散。谐波比重 P_f 是油箱壁振动某个频率成分的特征量，而 H 反映的是油箱壁振动所有频率成分的特性。对于油箱壁振动 100Hz 谐波比重 P_{100} 相同的情况，可以根据频率成分的复杂度区分和反映不同的绕组机械结构变化，因此能将频率成分复杂度分析作为振动测试的一个重要判据。

频率复杂度是衡量频率成分复杂性的一个参数。通常老化的变压器或者异常的变压器该数值特别大，由文献可知该参数的阈值为 2。图 4-24 所示为频率复杂度分布图。从数值上看，大部分测点的复杂度都超过 2，所以可以判定这台变压器存在异常状况。

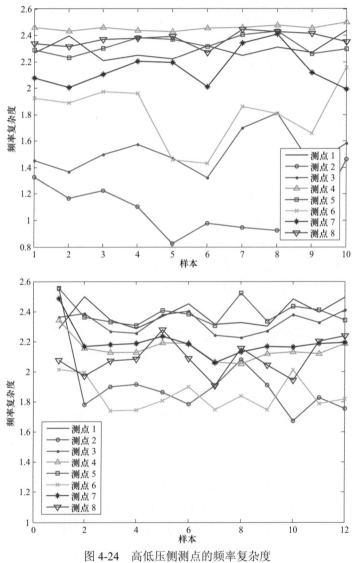

图 4-24　高低压侧测点的频率复杂度

第二节 基于运行电气量关联挖掘的感知诊断技术

如果将变压器的一个绕组看成一个二端口网络，当变压器内部绕组发生形变时，根据频率响应法、低电压短路阻抗测试法的测试经验，内部结构对应的分布式电容、电感（即阻抗）也将发生相应变化。阻抗的变化可能会导致输入（输出）电压、电流信号发生微小改变，如果能够提取这部分特征参量，就能够分析变压器是否存在机械缺陷。本节由以下几部分构成：案例库建设、模型构建、交叉验证及实例说明。基于运行电气量关联挖掘的感知诊断技术思路图如图 4-25 所示。

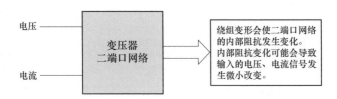

图 4-25 基于运行电气量关联挖掘的感知诊断技术思路图

一、变压器绕组变形故障案例库建设

变压器绕组变形案例库建设为基于运行电气量关联挖掘的感知诊断技术提供可靠数据支撑，分为案例搜集、数据搜集两项内容。

（一）变压器绕组变形故障案例搜集

结合历年变压器故障案例及 PMS2.0 系统数据信息，共搜集到 6 台已发生绕组变形变压器，详情如表 4-3 所示。

表 4-3 已发生绕组变形变压器

名称	型号	电压等级	变形运行时间
A 主变压器	SFS9-150000/220	220kV	2013.10.8–2013.10.21
B 主变压器	OSPPSZ7-150000/220	220kV	2016.3.20–2016.5.19
C 主变压器	SFS9-180000/220	220kV	2014.8.28–2016.5
D 主变压器	SSZ9-31500/110	110kV	2015.1.24–2015.8.13
E 主变压器	OSFPS9-150000/220	220kV	2017.3.26–2017.9.20
F 主变压器	SZ9-50000/110	110kV	2017.5.24–2018.3.31

考虑到变压器绕组变形故障信息涉及变压器台账、短路信息及相关停电试验等诸多内容，数据繁多难于统计。为实现相关信息全面搜集、夯实后期分析数据基础，编制结构化案例表格、明晰搜集内容，便于后期汇总整理。以 A 主变压器为例，其绕组变形故障案例信息表格如图 4-26 所示。

变压器故障案例				
台账信息	变电站	×××	运行编号	1号
	型号规格	SFS9-150000/220	电压等级	220kV
	容量比	/	电压比	/
	生产厂家	××××	接线组别	YNyn0d11
	出厂日期	/	投运日期	/
	更换日期	/	疑似变形运行时间	2013.10.8—2013.10.21
	调压方式	高压	中压	低压
		/	/	/
缺陷描述	2013年10月8日桐生1300线发生单相接地后，跟踪主变压器油样发现油色谱异常。2013年10月21日停电诊断发现低电压短路阻抗高对低压测量值比初值减小2.16%，反映出变压器内部分线圈有移位或变形。11月14日返厂解体发现中压线圈Bm相绕组已明显变形，41-47段线圈出现鼓包、凹凸、扭曲，末端引线有发热痕迹。Cm相绕组末端引线有发热痕迹，表征现象比Bm相严重。			

缺陷特征	1.近区短路情况				
	短路时间	故障侧	故障相	故障电流有效值	
	2013-9-13	220kV	A	5.884	
	2013-10-8	110kV	B	10.118	

图 4-26　A 主变压器绕组变形故障案例表格

（二）变压器运行数据搜集

目前用来监测变压器运行状态的数据包括电压、电流、功率和油温四类监测数据。考虑到变压器绕组变形前后功率、油温两类数据也有可能发生相应变化，为保证数据全面性及有效性，选取高中低三绕组下的三相电流、三相电压，母线电压，有功无功及油温共计 29 个数据指标（见表 4-4）开展数据搜集。

表 4-4　　　　　　　　变压器数据搜集指标

项目	高压绕组	中压绕组	低压绕组
A 相电流	1：高压绕组 A 相电流值	2：中压绕组 A 相电流值	3：低压绕组 A 相电流值
A 相电压	4：高压绕组 A 相电压值	5：中压绕组 A 相电压值	6：低压绕组 A 相电压值
B 相电流	7：高压绕组 B 相电流值	8：中压绕组 B 相电流值	9：低压绕组 B 相电流值

项目	高压绕组	中压绕组	低压绕组
B 相电压	10：高压绕组 B 相电压值	11：中压绕组 B 相电压值	12：低压绕组 B 相电压值
C 相电流	13：高压绕组 C 相电流值	14：中压绕组 C 相电流值	15：低压绕组 C 相电流值
C 相电压	16：高压绕组 C 相电压值	17：中压绕组 C 相电压值	18：低压绕组 C 相电压值
有功功率	19：高压绕组有功功率值	20：中压绕组有功功率值	21：低压绕组有功功率值
无功功率	22：高压绕组无功功率值	23：中压绕组无功功率值	24：低压绕组无功功率值
母线电压	25：高压绕组母线电压值	26：中压绕组母线电压值	27：低压绕组母线电压值
油温 1	28：左上方油温值		
油温 2	29：右上方油温值		

二、模型构建

模型构建通过数据指标处理、特征值提取及机器学习实现变压器绕组变形结果输出。

（一）绕组变形指标处理

由于变压器个体存在差异，搜集所得的数据指标也不尽相同，需对数据指标进行处理，减弱指标差异造成的影响。指标处理通过指标筛选、指标重构完成，最终通过筛选、重构形成电流、电压、电流差、电压差四类共计 30 个数据指标。

1. 绕组变形指标筛选

逻辑回归是一种概率型非线性回归模型，是研究二分类观察结果 z 与影响因素（x_1，x_2，…，x_n）之间关系的一种多变量分析方法。逻辑回归通过计算一个逻辑函数，形成逻辑边界，将其结果以概率结果的形式进行分类呈现，其模型公式为

$$y = \frac{1}{1 + e^{-x}} \tag{4-10}$$

式中：x 为一个多维特征量；y 为 x 影响因素的权重值。逻辑回归方法常用于数据挖掘、疾病自动诊断、经济预测等领域。

本次指标筛选中采用逻辑回归方法进行，通过计算 6 台绕组变形样本各指标权重值大小，进而比较筛选出与绕组变形显著相关的数据指标。以 D 主变压器为例，将每个时间点的数据作为一条记录，该时间点所有数据指标值作为自变量，该时间点是否变形作为因变量，输入到逻辑回归模型，各指标权重值大小排序见表 4-5。

表 4-5 　　　　　　　　　 D 主变压器各指标权重值排序结果

高 B 电压	高 A 电压	低 A 电压	低 B 电压	低 C 电压	中 A 电流	高 C 电压
61.745	52.048	48.614	26.697	22.554	13.331	10.69
低 C 电流	中 B 电流	低 B 电流	高 B 电流	低无功	中 C 电压	低 3U0
9.658	9.376	8.503	7.846	5.94	5.533	5.508
高无功	中 C 电流	高 C 电流	中 B 电压	中 A 电压	低有功	中有功
4.711	3.741	3.572	2.863	2.584	2.348	1.574
中无功	低 A 电流	高 A 电流	高 $3U_0$	中 $3U_0$	高有功	油温 1
1.503	1.132	1.035	0.704	0.697	0.553	0.031

由表 4-5 可知，在 D 主变压器总共 28 个电压、电流、功率和油温监测指标中，前 11 位均为电压和电流类监测指标，说明电压和电流类监测指标在预警绕组变形中的重要性要高于功率和油温类监测指标。因此，从 29 个监测数据中筛选出各绕组各相电压、电流共 18 个在线监测指标。

2. 绕组变形指标重构

三相不平衡率是检测变压器绕组变形的常用停电方法之一，其依据在于：三相的电压和电流正常情况下幅度是相等的，如果某一相发生变形，三相就会处于不平衡状态。虽然变压器各相电流、电压数据差值不能单独作为建模指标，但其作为重构指标与上文所述 18 个电流、电压指标共同作为建模指标仍具有重要意义。

基于此，通过三相不平衡率重构出 12 个新的电流、电压差值指标。以低压侧为例，其重构指标计算如下所示，中压侧、高压侧同理可得。

低压侧 AB 相电流差 = 低压侧 B 相电流幅值 – 低压侧 A 相电流幅值
低压侧 BC 相电流差 = 低压侧 C 相电流幅值 – 低压侧 B 相电流幅值
低压侧 AB 相电压差 = 低压侧 B 相电压幅值 – 低压侧 A 相电压幅值
低压侧 BC 相电压差 = 低压侧 C 相电压幅值 – 低压侧 B 相电压幅值

（二）绕组变形特征值提取

采用电压、电流、电流偏差系数及三相不平衡率等作为特征值完成提取工作，随后将上述特征值放入模型中进行学习验证，算法准确率无法满足预期。经过多次特征值的提取、学习、验证后，最终确定以排列熵、均值差作为主要特征值。

1. 排列熵

排列熵（permutation entropy）用来表示多种状态量在时间序列的复杂度。

排列熵不受时间序列长度的影响，且在 10 万级记录中运算时间较短，通常用于处理大数据研究分析。目前，在排列熵的基础上已经发展了多种故障预警方法，应用到了医学、机械预警等领域中。

排列熵算法采用相空间重构延迟坐标法对一维时间序列 x 中任意一个元素 $x(i)$ 进行相空间重构，对 $x(i)$ 重构向量的各元素进行升序排列 j_1，j_2，$\cdots$，j_m。m 维相空间映射下最多可以得到 $m!$ 个不同的排列模式，$P(i)$ 表示其中一种排列的模式。

序列归一化后的排列熵计算公式为：

$$H(m,\tau) = \frac{-\sum_{i-1}^{k} P_i \ln P_i}{\ln(m!)} \qquad (4\text{-}11)$$

将变压器建模样本的 30 个指标数据分为前后两段序列计算其相应的排列熵。其中，针对发生过短路的变压器，以最近一次短路时间进行划分，形成短路前和短路后两段序列；针对未发生过短路的正常变压器，则按时间序列将数据等分为两段序列。完成各项指标数据前后两段序列的排列熵计算后，对两组排列熵结果进行均方差计算，得到排列熵的均方差值。

以存在绕组变形和不存在绕组变形的两台变压器为例，通过计算两个变电站前后两段序列的排列熵数据完成比对分析工作。如图 4-27 所示，存在绕组变形的变压器大部分数据指标在短路前和短路后序列的排列熵值都有明显差异，具体表现在短路后低压侧电流相差、中压侧电压相差、高压侧电流及高压侧电

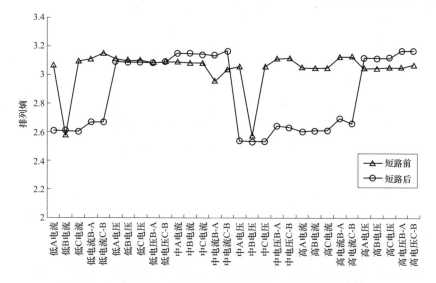

图 4-27　绕组变形变压器短路前后各监测指标排列熵变化情况

压相差指标短路后的排列熵值显著低于短路前，推断出主变压器短路后出现了
故障而导致运行状态发生变化。

如图 4-28 所示，正常所有监测指标短路前和短路后的排列熵值都大致相
等，推断短路没有影响主变压器的正常运行。

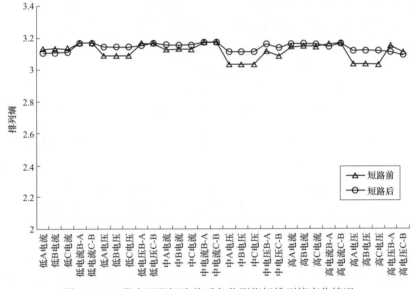

图 4-28 正常变压器短路前后各监测指标排列熵变化情况

因此，变压器监测指标的排列熵特征可以反映出运行状态的变化，排列熵
可以作为判断变压器是否变形的特征之一。

2. 均值差

均值差是指数据指标前后序列的均值的均方根误差，均值差的变化能比较
稳定的反映变压器各指标数值的变化情况。

（三）机器学习

支持向量机（SVM）是常用的一种二分类模型，它的目的是寻求一个超平
面来对样本进行分割，分割原理为间隔最大化，最终转化为一个凸二次规划问
题来求解。

SVM 算法公式如下

$$f(x) = \text{sign}[(\omega \cdot x) + b] = \text{sign}\left[\sum_{i=1}^{N} a_i y_i (x_i \cdot x) + b\right] \tag{4-12}$$

式中：$f(x)$ 为最优超平面分割的函数表达式；x 为样本 A；y 为样本 B。

相比于其他分类方法，SVM 法是目前最常用、效果最好的分类法之一，是
一种具有坚实理论基础的小样本学习方法。由于 SVM 法本身的优化目标是结

构化奉献最小，而不是经验风险最小，因此通过对数据分布结构化的描述，可方便研究者关注关键样本，有效降低分类中对于数据规模和数据分布的要求，有效避免样本空间维度过多引发的问题。

绕组变形主要反应于电气数据的变化，通过深度挖掘内部变化规律，提炼出表征电压、电流变化的排列熵特征参数。在机器学习中，以绕组未变形（数值取 0）、绕组变形（数据取 1）作为正负两类样本，通过 SVM 法输入电气熵特征信息值实现样本分类。分类结果与变压器实际情况吻合则认为学习有效，不吻合则继续进行学习。依此法进行持续的机器学习，最终拟合形成两类样本的最优超平面分割函数表达式，实现变压器绕组变形的可靠判断。

三、模型交叉验证

交叉验证针对模型输出结果进行验证，若结果与实际相符则证明模型有效，若结果与实际不符则进行原因分析。

共收集了 29 台变压器案例，故障样本（已变形的变压器）只占 20%，正负比例约为 4:1，属于极不平衡的数据集，需要采用分层交叉验证来评估预警模型的有效性。K 折交叉验证法是评估模型有效性和泛化能力的一种常用方法。以 10 折交叉验证为例，将数据集随机分成十份，轮流将其中 9 份作为训练集，1 份作为测试集，将 10 次测试结果的均值作为对模型精度的估计。但对于正负比例不平衡的样本，分组时使用随机抽样可能会导致某次输入分类器的训练集中全部为正例而没有负例的情况，影响分类器对负例样本的学习能力。分层交叉验证法是指每次随机划分训练集和测试集时，都要保证故障样本在训练集和测试集中的比例和总体比例相等，使测试结果更加稳定。

（一）模型预警结果验证

通过运行电气量关联挖掘的方法对 29 台建模变压器进行测试，测试结果见表 4-6。

表 4-6　　　　　　　变压器绕组变形预警结果测试表

变形设备 6 台，正常设备 23 台	模型的预警结果为正常的变压器	模型的预警结果为变形的变压器
现实情况为正常的变压器	23/23（100%）	0/23（0%）
现实情况为变形的变压器	2/6（33.3%）	4/6（66.7%）

如表 4-6 所示，29 台变压器中正确分类了 27 台，总体正确率达到 93.10%，

其中,对正常样本的正确识别率为 100%,但对变形样本的正确识别率为 66.7%,仅有两台绕组变形变压器被误诊为正常。

(二)变压器绕组变形位置判断结果验证

通过基于信息熵与机器学习的变压器绕组变形位置判断方法对 3 台已知变形位置的变压器拆分后的 27 个位置子样本进行预警,结果见表 4-7。

表 4-7　　　　　　　　变压器绕组变形位置预警结果测试表

变形位置 8 个, 正常位置 19 个	模型的预警结果为 正常的位置子样本	模型的预警结果为 变形的位置子样本
现实情况为正常的位置子样本	17/19 (89.5%)	2/19 (10.52%)
现实情况为变形的位置子样本	1/8 (12.5%)	7/8 (87.5%)

如表 4-7 所示,27 个位置子样本中正确预警了 24 个样本,预警的正确率达到了 88.89%,仅将某主变压器中压 C 相、高压 B 相两个正常的位置误判为变形,将另一主变压器变形的中压 B 相漏判为正常。

(三)对待测变压器预警结果验证

选取 5 台在运主变压器作为测试变压器,上述变压器经离线方法预警后,由于情况比较复杂,仍无法确定是否发生变形。采用研究算法模型对上述 5 台待测变压器进行在线诊断。其中,三台主变压器发生过短路,取最近一次短路前后的两段序列作对比分析,其余两台未发生过短路的变压器取前后等分两段序列进行分析。其预警结果显示:一台主变压器可能发生了变形,变形的位置可能为低压 A 相、低压 B 相、低压 C 相、高压 A 相和高压 C 相;其余四台主变压器经模型预警发生变形的可能性较小。

(四)误诊原因分析

本模型对变形样本仍然存在 33.3% 的漏判率,即在 6 台变形变压器中,将两台误判为正常。漏判的原因可能是模型问题也可能是数据源问题,在模型方面,可能原因是样本数量过少以及正负比例不平衡影响了 SVM 模型的稳定性和泛化能力。在数据源方面,可能原因是该漏判样本的监测数据不全导致遗漏了变形信息,或者标签错误。通过逐步试验以识别漏判原因:

(1)重复进行了三次分层交叉验证实验,三次重复实验的准确率和召回率均为 100%、66.7%,且每次被漏判的两台变压器均相同,说明模型具有稳定性;

(2)为了解决样本正负比例不平衡问题,采用 SMOTE 过采样算法在已有的故障样本点周围生成新的故障样本,以保持正常样本和故障样本数相等,使用均衡后的数据集再次实验，仍然只有两台变压器识别不出来。

综上所述，两台主变压器漏判原因可能为这两台样本的数据源问题导致的。

第三节　变压器机械缺陷的声-电联合预警技术

当变压器绕组发生变形时，内部机械结构和电气等效电路也随之发生变化，反应在电压、电流和机械振动上。采用声纹振动与电气熵值融合的变压器绕组变形在线诊断技术，能对运行中的变压器进行在线状态检测与评估，及时发现变压器异常、故障及损伤，预防变压器发生突发事故，为保证变压器安全经济运行和状态检修提供技术支持。

一、基于特征矩阵的声-电监测模型

（一）模型建立

模型采用实际可测得的物理量包括电流 I、电压 U、油温 T 作为输入量，以各次谐波特征矩阵 V_f 作为输出量。

根据变压器振动机理，在电流频率为工频 50Hz 条件下，铁芯、绕组振动的基频为 100Hz，基频振动和铁芯、绕组所受到的力有关。假设铁芯受到的力为 F_w、绕组受到的力为 F_w，负载电流为 I，输出电压为 U，那么 $F_c \propto U^2$，$F_w \propto I^2$。油箱壁上的 100Hz 谐波和电流、电压存在这样的关系

$$v_{100} = a_1 v_{w,100} + b_1 v_{c,100} = a_1 I^2 + b_1 U^2 \tag{4-13}$$

对于 100Hz 的谐波可得到谐波特征矩阵与电流、电压的关系

$$\begin{bmatrix} v_{100,11} & v_{100,12} & \cdots & v_{100,1n} \\ v_{100,21} & v_{100,22} & \cdots & v_{100,2n} \\ \vdots & \vdots & \ddots & \vdots \\ v_{100,p1} & v_{100,p2} & \cdots & v_{100,pn} \end{bmatrix} = V_{f=100} = A_{100}I^2 + B_{100}U^2 + C_{100}T \tag{4-14}$$

其中 A_{100}、B_{100}、C_{100} 分别为 $p\times n$ 的参数矩阵，参数矩阵以 A_{100} 为例，A_{100} 可表示为

$$A_{100} = \begin{bmatrix} a_{11} & a_{12} & \cdots & a_{1n} \\ a_{21} & a_{22} & \cdots & a_{2n} \\ \vdots & \vdots & \ddots & \vdots \\ a_{p1} & a_{p2} & \cdots & a_{pn} \end{bmatrix} \tag{4-15}$$

式中：a_{ij} 表示测点位置 i 行 j 列的振动信号的 100Hz 谐波分量的模型系数。

变压器油箱壁上的振动除了基频100Hz频率外，还会包含频率为基频整数倍的高次谐波，这些高次谐波也可以反映变压器内部的状况，甚至变压器内部的故障就是体现在振动的高次谐波成分的变化上。高次谐波可能是由绕组振动和铁芯振动的非线性产生的，也可能是绕组振动和铁芯振动在传递过程中产生的，也可能是变压器油箱壁对振动的非线性响应，因此很难从理论上分析振动的产生及传递过程得出振动和变压器电流、电压之间的关系。

为建立变压器油箱壁表面的电-振动模型，将整个变压器（包括绕组、铁芯、油、油箱及其他配件）看成一个系统，在变压器正常运行时，变压器系统受到绕组上的电磁力及铁芯上的磁致伸缩力的作用产生振动（即油箱壁振动）。由于变压器系统的非线性特性，变压器系统振动会包含高次谐波成分。模型中利用变压器系统所受的力（F_w 和 F_c）的多次方近似变压器系统的高阶非线性振动，例如，变压器系统的二阶非线性振动即200Hz谐波为

$$v_{200} = a_2 F_w^2 + b_2 F_c^2 + c_2 T = a_2 I^4 + b_2 U^4 + c_2 T \qquad (4\text{-}16)$$

对于200Hz的谐波可得到谐波特征矩阵与电流、电压的关系

$$\begin{bmatrix} v_{200,11} & v_{200,12} & \cdots & v_{200,1n} \\ v_{200,21} & v_{200,22} & \cdots & v_{200,2n} \\ \vdots & \vdots & \ddots & \vdots \\ v_{200,p1} & v_{200,p2} & \cdots & v_{200,pn} \end{bmatrix} = V_{f=200} = A_{200} I^4 + B_{200} U^4 + C_{200} T \qquad (4\text{-}17)$$

式中：A_{200}、B_{200}、C_{200} 分别为 $p \times n$ 的参数矩阵。类似的，对于频率为 f 的油箱壁振动的高次谐波特征矩阵可表示为

$$V_{f=100n} = A_{100n} I^{2n} + B_{100n} U^{2n} + C_{100n} T, \qquad n = 2, \cdots, n \qquad (4\text{-}18)$$

结合式（4-16）和式（4-18），变压器各次谐波特征矩阵与电流、电压、温度的模型可表示为

$$V_f = A_f I^{\frac{f}{50}} + B_f U^{\frac{f}{50}} + C_f T, \qquad f = 100, 200, \cdots, 900 \qquad (4\text{-}19)$$

相比于以前提出的变压器振动模型，基于谐波特征矩阵的变压器电-振动模型主要有以下特点：

（1）模型考虑了变压器油箱壁振动的复杂性及不同位置的振动特性，在油箱壁表面布置多个振动测点，并利用谐波特征矩阵分析多测点的振动信号；

（2）油箱壁上测点位置是根据绕组振动敏感区域选取方法确定（与每相绕组相对应区域），所选择的振动测点能较好地反映变压器振动，特别是绕组振动；

（3）模型中所有信号包括振动、电流、电压和中性点电流均同步采样，并且利用所有信号同步采样的特性，模型考虑了油箱壁振动的相位与电流、电压

相位的关系;

（4）模型还考虑了变压器油箱壁振动的各次谐波（100、200、…、900Hz），特别是高次谐波与电流、电压的关系，并利用大量的现场测得的变压器正常运行条件下的油箱壁振动数据及电流、电压数据，以拟合的方法求出模型的参数;

（5）模型在利用多振动测点采集油箱壁振动信号的基础上，考虑了油箱壁振动的分布特性。模型是基于振动特征矩阵建立的，振动特征矩阵上各个元素相互之间的关系表示了油箱壁上振动的分布。

（二）模型参数设置

结合某台变压器的现场测试数据，包括变压器运行时的电流、电压、油温及油箱壁上多振动测点的信号，用数据统计的方法根据变压器电-振动模型进行拟合分析，得到模型参数:

根据电-振动模型［见式（4-19）］，对应于振动特征矩阵中第 i 行 j 列测点的谐波分量 $v_{f,ij}$ 与变压器电流 I、电压 U、温度 T 存在以下关系

$$v_{f,ij} = a_{f,ij}I^{\frac{f}{50}} + b_{f,ij}U^{\frac{f}{50}} + c_{f,ij}T \tag{4-20}$$

若从变压器上采集得到的测试数据为:

电流 I_k: I_1, I_2, I_3, …, I_m; 电压 U_k: U_1, U_2, U_3, …, U_m; 温度 T_k: T_1, T_2, T_3, …, T_m。其中 m 为采样的次数，$k = 1$, 2, 3, …, m。油箱壁第 i 行 j 列测点的振动信号经 FFT 分析之后，得到频率为 f 的谐波分量为 $v_{f,ij,k}$: $v_{f,ij,1}$, $v_{f,ij,2}$, $v_{f,ij,3}$, …, $v_{f,ij,m}$。

将 I_k, U_k, T_k 代入式（4-20），根据最小二乘法拟合原理，最佳拟合参数 $a_{f,ij}$, $b_{f,ij}$, $c_{f,ij}$ 应使得所有样本的 $v_{f,ij,k}$（I_k, U_k, T_k）与 $v_{f,ij,k}$ 之均方差最小，即如下式所示

$$F(a_{f,ij}, b_{f,ij}, c_{f,ij}) = \sum_{k=1}^{m} [v_{f,ij,k}(I_k, U_k, T_k) - v_{f,ij,k}]^2$$
$$= \sum_{k=1}^{m} [a_{f,ij}I_k^{\frac{f}{50}} + b_{f,ij}U_k^{\frac{f}{50}} + c_{f,ij}T_k - v_{f,ij,k}]^2 \tag{4-21}$$

整理后，解如下方程组即可得最佳拟合参数 $a_{f,ij}$, $b_{f,ij}$, $c_{f,ij}$

$$\begin{cases} \dfrac{\partial F}{\partial a_{f,ij}} = 0 \\[2mm] \dfrac{\partial F}{\partial b_{f,ij}} = 0 \\[2mm] \dfrac{\partial F}{\partial c_{f,ij}} = 0 \end{cases} \tag{4-22}$$

求得所有测点所有谐波的参数 $a_{f,ij}$，$b_{f,ij}$，$c_{f,ij}$ 后，可得模型的参数矩阵 A_f，B_f，C_f。

（三）模型适用条件和拟合计算改进

变压器在运行过程中，由于分接开关的切换及功率因数补偿电容等变化，会导致电流、电压的相位发生改变，而绕组和铁芯的振动与电流、电压的相位密切相关，即使两次采样电流、电压的有效值都相同，但是相位关系不同，也会导致油箱壁振动完全不同。电-振动模型在计算参数时，需要区分变压器的工作状态，不同工作状态的模型参数应该是不同的。

由于模型中变压器系统所受的力（F_w 和 F_c）的多次方近似变压器系统的高阶非线性振动，而容易导致在负载变化较大的情况下，实际的模型参数也会发生改变。因此在拟合计算模型参数的时候可以通过根据电流、电压的分布情况分区域拟合，来提高模型精确度。不过若将电流、电压区域分得太小，也会使得拟合计算时的数据量下降，导致拟合的不准确。因此应根据数据量合理分区域拟合。

（四）模型置信水平

在上述模型的建立及模型参数的计算过程中都是通过理论的分析得到，但是建立电-振动模型的方法是否适用于预测变压器油箱壁振动，以及建立的电-振动模型的实用性都需要进一步考察。

下面介绍如何考察分析电-振动模型及模型参数的置信水平：

根据建立的模型，拟合计算得到的模型参数矩阵 A_f，B_f，C_f，输入电流 I、电压 U、温度 T，可以得到模型预测的各次谐波特征矩阵。分析所有参与模型参数拟合的样本的实际测得的油箱壁振动与模型预测值之间的误差分布，模型及模型参数的置信度。

$$\delta_{f,ij,k} = \frac{v_{f,ij,k}(I_k,U_k,T_k) - v_{f,ij,k}}{v_{f,ij,k}} \tag{4-23}$$

$$\delta_{f,k} = \frac{\sum_i^p \sum_j^n \delta_{f,ij,k}}{pn} \tag{4-24}$$

$$\delta_k = \sum_f \delta_{f,k} p_f \tag{4-25}$$

式中：$\delta_{f,ij,k}$（$i = 1, 2, \cdots, p$；$j = 1, 2, \cdots, n$）为某测点第 k 次采样数据的频率为 f 的谐波和模型预测值误差；$\delta_{f,k}$ 为所有测点第 k 次采样数据的频率为 f 的谐波和模型预测值误差；δ_k 为基于谐波特征矩阵的电-振动模型的误差；p_f 为谐波比重。

分析模型误差的分布求模型的置信水平，如设定模型误差的允许区间为$[a,b]$，则模型的置信水平为

$$\gamma = P\{a < \delta < b\} \tag{4-26}$$

式中：P 为模型误差的概率密度函数。

（五）利用模型进行变压器机械缺陷在线诊断的方法

在已知变压器正常时某工作状态下的模型参数条件下，利用上述变压器电-振动模型可以实现对电力变压器机械缺陷在线监测与预警，其具体方法步骤如下所示：

（1）训练模型参数。采样获得变压器正常状态下运行时的变压器油箱表面振动信号、变压器电压信号、电流信号和油温。

对不同的电流、电压、油温下的振动信号进行 FFT 分析，得到振动信号的各次谐波特征矩阵 $V_{f,k}$，提取并记录 $V_{f,k}$ 对应的电流 I_k、电压 U_k、油温 T_k。

根据得到的电流 I_k、电压 U_k、油温 T_k 及 $V_{f,k}$ 数据，按照模型式（4-18）进行拟合计算得到模型的参数矩阵 A_f，B_f，C_f。

（2）利用模型预警。采样获得监测变压器运行时的变压器油箱表面振动信号、变压器电压信号、电流信号和油温。

对采样得到的振动信号进行 FFT 分析，得到振动信号的特征矩阵 $V_{f,real}$，提取并记录 $V_{f,real}$ 对应的电流 I、电压 U、油温 T。

将上面得到的电流 I、电压 U、油温 T 数据代入模型计算得到模型的预测振动特征矩阵 $V_{f,mod}$。

分析比较 $V_{f,mod}$ 和 $V_{f,real}$ 对变压器的状态和故障进行监测和预警。

分析比较 $V_{f,mod}$ 和 $V_{f,real}$ 主要方法为分析两个特征矩阵的相关关系、矩阵距离及预测矩阵与实测矩阵的误差比较。

（六）模型实例

以某 500kV 变电站主变压器（ODFPS2-250000/500 型）的测试数据为例，进行模型的参数拟合计算，以及模型的评价。

1. 数据采集

数据采集时间为 2009 年 7-12 月，采样频率为 8192Hz，取 7 月某天采样得到的电流、电压数据如图 4-29 所示，电流、电压的变化趋势基本相反。采样得到的电流与油箱壁振动各次谐波的变化趋势如图 4-30 所示，其中 100Hz 谐波较大，其他谐波较小。某时刻不同测点的频谱如图 4-31 所示。

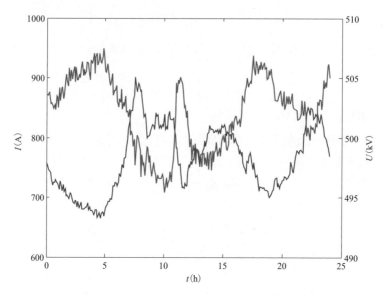

图 4-29　主变压器一天的电流、电压变化曲线

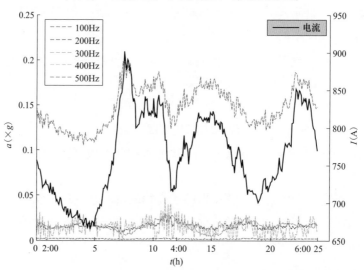

图 4-30　电流与各次谐波一天中变化趋势

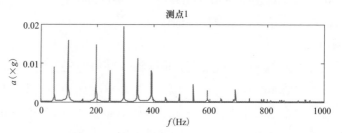

图 4-31　某时刻不同测点的频谱（一）

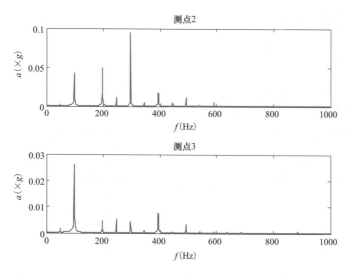

图 4-31 某时刻不同测点的频谱（二）

2. 建模数据选择

在利用主变压器数据进行建模之前，首先需要筛选数据。在这里，简单的选择了每天 1:00—5:00 的数据，图 4-32 所示为变压器的电流-电压的散点图，蓝色表示一天的数据，红色表示 1:00—5:00 的数据。从图 4-32 可以看出变压器的负载电流与电压成反比关系，由于负载变化相对平缓，因此 1:00—5:00 这段时间变压器应该处于同一工作状态。

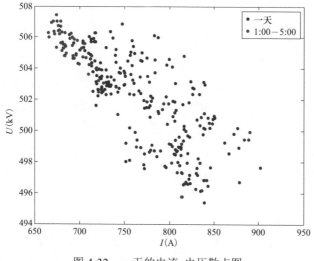

图 4-32 一天的电流-电压散点图

相邻的日子里电流、电压的变化趋势是类似的，也就意味着相邻的每天的相同时刻变压器的工作状态基本是类似的。最终，取 7 月每天 1:00-5:00 的实验数据拟合计算模型参数。

3. 模型参数训练

用筛选出的数据，按照上述方法步骤进行拟合计算模型参数矩阵。部分测点拟合结果如图 4-33～图 4-35 所示。

图 4-33 所示为 100Hz 谐波拟合结果，水平的 2 个坐标分别表示电流和电压，垂直方向的坐标表示 100Hz 谐波的幅值。蓝点表示一个训练数据，彩色的曲面为按照模型拟合计算的结果。曲面上的点即为模型 100Hz 谐波的预测值。

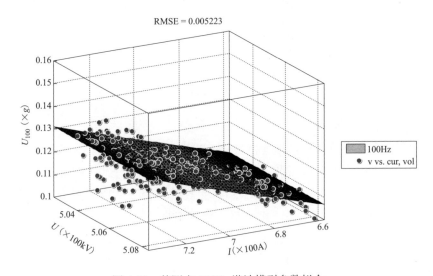

图 4-33　某测点 100Hz 谐波模型参数拟合

图 4-34 所示为 200Hz 谐波拟合结果，水平的两个坐标分别表示电流和电压，垂直方向的坐标表示 200Hz 谐波的幅值。蓝点表示一个训练数据，彩色的曲面为按照模型拟合计算的结果。曲面上的点即为模型 200Hz 谐波的预测值。

图 4-35 所示为 300Hz 谐波拟合结果，水平的两个坐标分别表示电流和电压，垂直方向的坐标表示 300Hz 谐波的幅值。蓝点表示一个训练数据，彩色的曲面为按照模型拟合计算的结果。曲面上的点即为模型 300Hz 谐波的预测值。

4. 模型参数验证

选择主变压器 8 月某天 1:00-5:00 的实验数据，作为验证模型是否能够判断。在 7-8 月时间内，主变压器工作正常未发生故障，若模型正确，则预测特征矩阵与实测特征的误差应该在一定范围内。

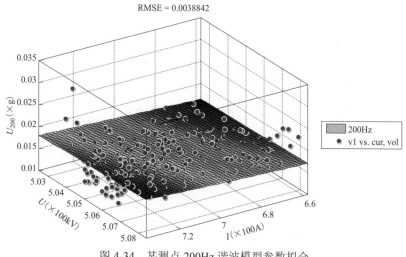

图 4-34　某测点 200Hz 谐波模型参数拟合

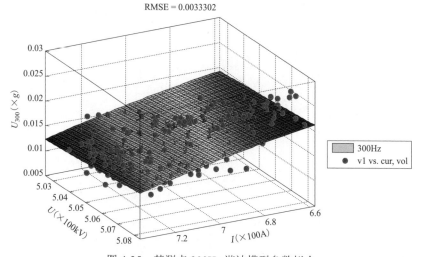

图 4-35　某测点 300Hz 谐波模型参数拟合

　　根据前面分析得到的各测点振动信号频谱可知，主变压器振动的主要频率为 100～400Hz，某测点 100～400Hz 谐波的预测值和实测值如图 4-36～图 4-39 所示。以图 4-36 为例，横坐标表示时间，纵坐标表示加速度，蓝色曲线为测点实测的 100Hz 谐波，黑色点表示模型预测的 100Hz 谐波。

　　计算预测特征矩阵与实测特征的误差，得到模型误差 δ_k。模型误差如图 4-40 所示，图中横坐标表示时间，纵坐标为模型相对误差。从图 4-40 中可以看出，模型的预测值和实际振动的相对误差基本在 10% 以下。计算得到误差平均值为 6.05%，模型的平均误差在误差允许范围内，可以通过模型的预测特征矩阵判断变压器在 7 月和 8 月时间内未发生故障。

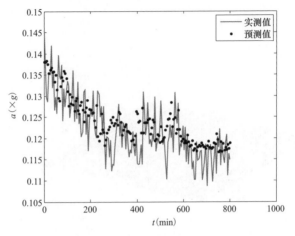

图 4-36　100Hz 谐波矩阵预测值和实测值比较

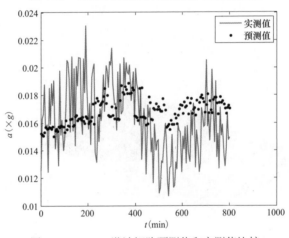

图 4-37　200Hz 谐波矩阵预测值和实测值比较

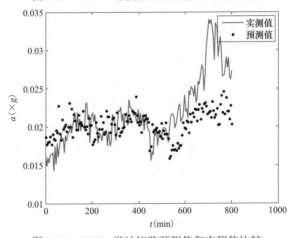

图 4-38　300Hz 谐波矩阵预测值和实测值比较

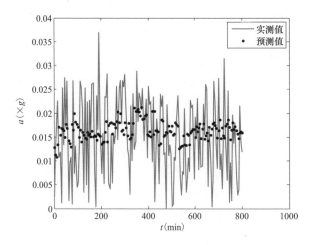

图 4-39　400Hz 谐波矩阵预测值和实测比较

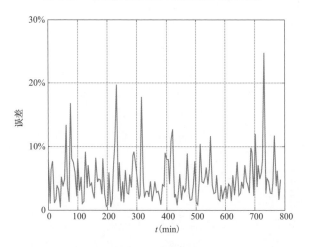

图 4-40　验证数据模型总体误差

二、变压器机械缺陷融合预警技术

采用声纹振动与电气熵值融合的变压器机械缺陷在线诊断技术，能对运行中的变压器进行在线状态监测与评估，及时发现变压器异常、故障及损伤，预防变压器发生突发事故，为保证变压器安全经济运行和状态检修提供了技术支持。

（一）总体安装方案

声纹振动与电气熵值融合的变压器绕组变形在线诊断系统的技术实现，需安装声电感知变压器绕组变形在线诊断装置，该装置由声纹振动监测 IED 主机、电压电流信号采集单元、8 路振动加速度传感器三部分组成。主要工作内容如下：

（1）在主变压器本体油箱外壳表面，贴装"振动加速度传感器"。

（2）在主变压器的变压器智能监测柜（油色谱柜）内，加装"IED 主机"（2U 工控上架式结构），传感器信号接到 IED，同时 IED 通信网线接到色谱交换机，数据送到辅助监控 AMC 或 CAC 后台。

（3）在继电保护室故障录波屏，加装"电压电流信号采集单元"（2U 工控上架式结构），并敷设一条硬接点信号线缆到声纹振动监测 IED 主机，数据信号采集结果通过硬接点信号送到 IED。

（4）在继电保护室辅助监控屏接入变压器绕组变形监测相关的机械振动与电压、电流熵值分析数据。

（二）施工工艺及步骤

1. 敷设镀锌钢管

敷设振动加速度传感器信号线穿线镀锌钢管，在主变压器油色谱组件柜旁的水泥基础使用水钻开孔，从油色谱柜至主变压器本体敷设 DN50 镀锌管，作为振动加速度传感器电缆通道，镀锌钢管敷设于鹅卵石下面，镀锌管敷设应牢固，孔洞防火封堵牢靠，镀锌管走向如图 4-41 所示。

图 4-41　镀锌管敷设

2. 安装振动加速度传感器

振动检测点应尽量选取距离变压器绕组最近的油箱壁处，并且远离加强筋。传感器监测点采用上部、下部对应三相铁芯分布位置布局 8 个测点，强磁吸力为 100N。测点高度推荐值为油箱高度的 1/4 和 3/4 处,如图 4-42 所示。

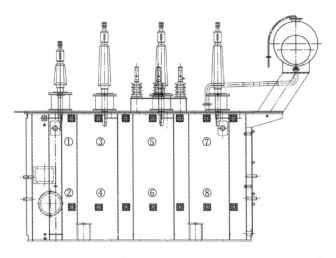

图 4-42 传感器布点

振动加速度传感器信号线依附变压器的走线穿不锈钢波纹管走线,不锈钢波纹管通过不锈钢扎带与强磁吸盘固定于主变压器本体上,8 根信号线汇集到敷设的镀锌钢管内,然后穿镀锌钢管到 IED 主机;安装位置与现场走线效果如图 4-43 所示。

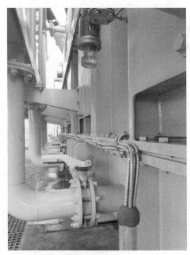

图 4-43 安装位置与现场走线效果图

3. 安装声纹振动监测 IED 主机与电压、电流挖掘单元

IED 主机和电压、电流挖掘单元,两者机箱尺寸均为 2U 高度标准机箱,长、宽、高尺寸 422mm×320mm×89mm,外形如图 4-44 所示。

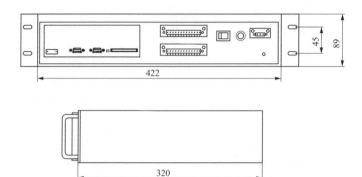

图 4-44　IED 主机和电压、电流挖掘单元外形

图 4-45　2U 机箱外形

主变压器声纹振动监测 IED 主机安装于主变压器油色谱在线监测柜内，在组件柜内加装 2P 空气断路器，取 AC220V 电源为 IED 主机供电，通信网线接到柜内现有的光电交换机上，数据上传至辅助监控后台。IED 主机安装位置如图 4-46、图 4-47 所示。

图 4-46　现场变压器智能监测柜

图 4-47 声纹振动监测 IED 主机安装案例

4. 安装电压、电流信号采集单元

在继电保护室故障录波屏内，加装 2U 工控架构的电压、电流信号采集单元（信号转换装置），并在故录屏内加装 2P 空气断路器，取 220V 电源为转换器供电。电压、电流信号采集单元通过网线与故障录波装置相连接，实现变压器相关的电压与短路电流等数据信号采集，并输出 1 路 24V 硬接点信号传送至声纹振动监测主机。电压、电流信号采集单元拼装于屏内位置，如图 4-48 所示。

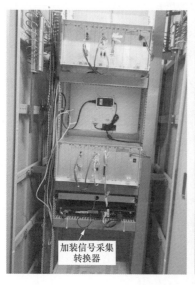
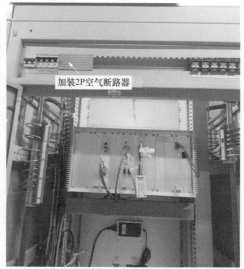

图 4-48 故障录波器屏柜

5. 声电联合机械缺陷在线感知和预警装置

声电联合机械缺陷在线感知和预警装置如图 4-49（a）所示，将其安装在现场变电站如图 4-49（b）所示，装置将声纹振动和电气熵信息传到后台处理软件，并进行展示。

（a）

（b）

图 4-49　声电联合机械缺陷在线感知和预警装置

（a）声电联合预警装置；（b）声电联合预警装置现场安装

6. 故障录波屏柜至振动 IED 硬接点信号电缆敷设

由故障录波屏柜敷设 1 条 4×2.5（2 芯备用）硬接点信号电缆，到主变压器声纹振动监测 IED。由于声纹振动监测 IED 主机安装在主变压器的油色谱柜内，因此信号电缆走电缆沟到主变压器的油色谱柜。

第五章　在运变压器机械缺陷动态评估技术

运行变压器，不可避免地会遭受各种短路故障，特别是出口或近区短路故障对电力变压器危害极大。据不完全统计，近年国家电网有限公司系统中110kV及以上电压等级的变压器共发生事故162台次，事故总容量为12698.2MVA，其中因外部短路导致损坏事故59台次，短路损坏事故容量为4911.0MVA。电力部门近年来积极开展了变压器绕组变形测试工作，采取多种措施限制短路电流幅值及减少短路持续时间，因此变压器短路损坏事故台次有所减少，但变压器在短路电磁力作用下的损坏事故仍然时有发生。

电力变压器机械稳定性作为变压器设计和运行的一个重要特性参数，受到国内外电力系统的高度重视。针对这一问题，IEC、IEEE及各个国家标准都要求电力变压器必须具备一定的机械稳定性，并提出和制定了短路电流计算方法及变压器机械稳定性的试验检验方法，这些标准对于提高投运前变压器的初始机械稳定性起到了积极作用。然而，投入电网运行后电力变压器的机械稳定性，除了与初始机械稳定性（主要决定于结构设计、机械稳定性计算手段和制造工艺等因素）有关外，同时也与长期运行热效应作用下的绝缘件自然收缩、金属导线机械强度降低等因素有关，尤其与短路电流、短路持续时间和短路次数等运行工况直接相关。

在变压器机械稳定性的研究方面，制造领域的研究主要集中在变压器初始短路能力计算方法的改进和抗短路制造工艺的提升等方面；运行领域的研究主要集中在变压器绕组变形测试与诊断方法、运行环境改善等方面。上述领域的相关研究对减少因外部短路而造成的变压器恶性事故起到了积极作用。然而，对于投入电网运行的变压器，如何结合初始机械稳定性、绕组变形测试、运行工况等要素来综合评估其实际机械稳定性，国内外的相关研究成果较少。

国家电网有限公司Q/GDW 11401—2015《输变电设备不良工况分类分级及处理规范》对变压器短路电流不良工况进行了分类分级，但是在该标准的分类方法只针对短路电流大小，未考虑绕组变形试验的修正结果，也未考虑系统所在区域的最大运行方式的短路电流,因此有必要引入试验和不良工况修正因子,结合区域最大运行方式下的短路电流,建立基于试验和不良工况的设备抗短路动态预警,即设备抗短路动态预警在设备初始抗短路核定基础上,叠加试验和不良工况影响因素,进而实现设备抗短路动态预警,为在运变压器实际机械稳定性的评估提供依据,提高在运变压器机械稳定性的预控水平。

第一节　静态机械缺陷特性核算方法

一、轴向和辐向受力计算

电力系统发生短路后,巨大的短路电流流经变压器的相关绕组。在绕组电流和漏磁通的作用下,有很大的电动力施加在绕组的导线、绝缘及其紧固结构上。图 5-1 所示为双绕组变压器短路漏磁场分布的示意图。漏磁场存在轴向和辐向两个分量,与周向短路电流作用后将在绕组中产生辐向电动力和轴向电动力。

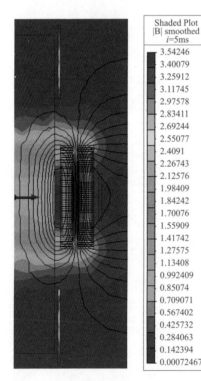

图 5-1　变压器漏磁场分布

（一）短路电动力及机械特征量

1. 轴向力

图 5-2（a）所示为双绕组变压器的辐向漏磁场的示意图。线圈端部弯曲的漏磁通和沿绕组高度分布不平衡安匝的磁通,引起轴向力。内外绕组的高度不一致及绕组分接抽头等会加剧这种安匝分布不均匀。轴向力分布如图 5-2（b）所示。

绕组在轴向力作用下,各线饼受力关系可以用图 5-2（c）表示,线圈的线饼编号为 1,2,3,…,$m-2$,$m-1$ 和 m。漏磁通的辐向分量在线饼上产生轴向线饼力,使线圈垫块间的导线朝轴向弯曲(导线轴向弯曲变形如图 5-3 实例所示)。与此同时,线饼 1 推线饼 2,线饼 2 推线饼 3,…,线饼 m 推线饼 $m-1$,线饼 $m-1$ 推线饼 $m-2$ 等,这些力都是朝向线圈高度的中心。例如,作用到线饼 3 的轴向力是线饼 1 和线饼 2

受力的总和，其余类推，此时线圈中部的线饼和垫块受力最大（垫块受到轴向压缩力可以通过图 5-4 表示）。由于线圈的排列，如分接位置变化，其轴向安匝分布不平衡（即不对称）。这时，线饼力的分布变得朝上和朝下不对称。这种朝上和朝下力的差值，称为外推力，形成对线圈上下端绝缘和夹紧力的推力。

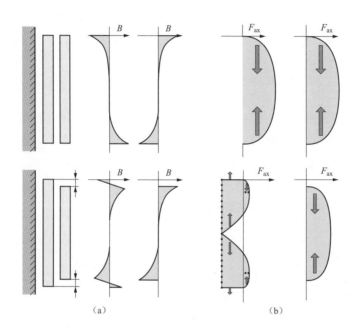

图 5-2　线圈轴向受力示意图

（a）双绕组变压器的辐向漏磁场；（b）轴向力分布

图 5-3　绕组在轴向力作用下的弯曲变形

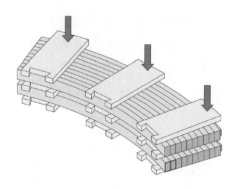

图 5-4　绕组在轴向力作用下压缩垫块

为抵抗住该推力，变压器的上下夹件及其支撑结构必须具有足够的强度，当外推力超过夹件和压板等支撑结构的强度时将发生轴向失稳。轴向力对绕组过大压缩时，可能使其丧失机械稳定性，发生"倾斜"，即在绕组辐向宽度内同一排各相邻导线出现整体向同一方向倾斜，沿轴向相邻的下面一排导线组则整体向相反的方向倾斜。

2. 轴向力

内外绕组的轴向漏磁通，产生轴向力，如图 5-5 所示。按左手定则（磁通朝掌心，四指朝电流方向，拇指为受力方向），内外绕组受到使其分离的作用力。即外线圈在圆周方向受张力，即环形拉伸力，有扩大直径的趋势；内线圈在圆周方向受到压力，即环形

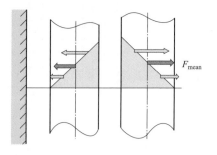

图 5-5　绕组辐向受力示意图

压缩力，有朝铁芯方向变形的趋势。图 5-6 所示为内线圈受到的压缩应力和外线圈受到的拉伸应力。

如果内绕组的机械稳定性薄弱，或导线的抗弯强度不够，绕组将发生变形。如图 5-7 和图 5-8 分别给出了内绕组发生"强制翘曲"和"自由翘曲"的损坏形式。内线圈受压缩，导线受到弯曲应力，可能发生导线向内过度弯曲，导致"强制翘曲"。绕组的"强制翘曲"，一般发生在其内表面有比较硬的支撑情况。内绕组受到压缩，可能失去稳定，导致绕组周围一处或几处的导线向内严重变形，形成"自由翘曲"。"自由翘曲"是内绕组发生变形的更常见形式，如图 5-9 所示的变形实例。整体绕组受压缩，直径变小，多余长度的导线从垫块的个别部位突出，这就是内绕组典型的机械缺陷例子。

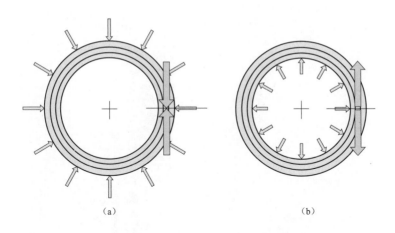

图 5-6 内线圈受到的压缩应力和外线圈受到的拉伸应力示意图

（a）内线圈受到的压缩应力；（b）外线圈受到的拉伸应力

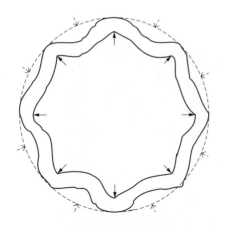

图 5-7 内绕组的"强制翘曲"变形

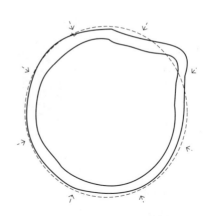

图 5-8 内绕组的"自由翘曲"变形

此外，由于低压绕组导线截面积大，又通常为螺旋绕法，绕组上的环形压缩力还会形成对低压绕组出线头的推力，可能使低压内绕组发生螺旋状向上绷紧的变形趋势，如图 5-10 所示。

综上，辐向短路力作用下，线圈将表现出导线轴向弯曲、垫块轴向压缩、导线塌陷变形和端部压板破裂等模式；轴向力作用下，线圈将产生辐向弯曲、自由翘曲、强制翘曲、压缩拉伸变形及螺旋绷紧变形。因此对于变压器机械稳定性的校核，本质上应该以短路情况下上述各种变形的应力不超过许用值为依据。

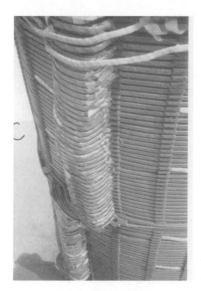

图 5-9 内绕组"自由翘曲"变形实例图

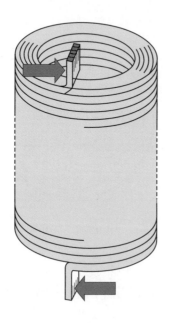

图 5-10 低压绕组在出线头推力作用下的螺旋变形

（二）漏磁场及短路分布力计算

短路强度校核就是在已知变压器结构参数的前提下，进行产品的极限机械力和实际机械力的分析计算。机械力计算的理论依据是变压器的基本电磁理论和设计理论。其中，变压器短路漏磁场的计算是关键，同时也是计算量较大的部分，它决定了变压器的机械强度校核的准确性，其他部分的计算多是基于该部分的计算结果。

　　双绕组变压器漏磁场计算模型如图 5-11 所示，由于单个芯柱上绕组满足轴向对称结构，因此漏磁场模型采用二位轴对称简化模型。通过在高、低压绕组中施加平衡的短路安匝进行静态漏磁场的计算，漏磁场分布的特点是漏磁通分别铰链一、二次侧绕组，如图 5-11（b）所示。漏磁场计算后运用洛伦兹力公式即可得到线圈各饼的轴向分布力及辐向分布力，轴向力表现为低压受压、高压受拉，且中部受力较大；而轴向力则是端部较大，短路力分布特点如图 5-12 所示。

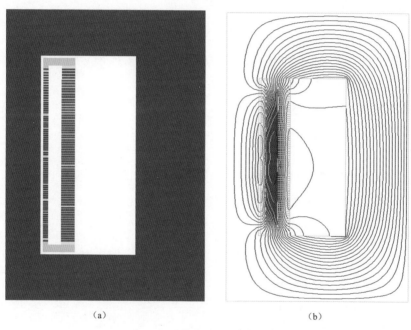

（a）　　　　　　　　　　　　　　（b）

图 5-11　双绕组变压器漏磁场及短路分布力计算模型

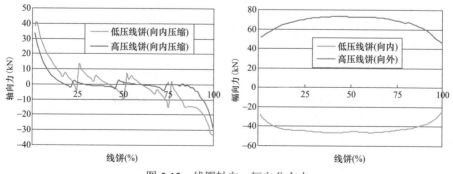

图 5-12　线圈轴向、辐向分布力

（三）机械强度特征量计算

变压器在短路力作用下，线圈将受到压缩、拉伸、弯曲、垫块压缩等应力。各应力的计算模型如下：

（1）线圈压缩拉伸应力

$$\frac{F_{\mathrm{R}}}{(2\pi NA)} \tag{5-1}$$

式中：F_{R} 为线饼受到的轴向力，N；N 为每饼导线数；A 为每根导线截面积，m^2。

（2）低压线圈辐向弯曲应力

$$\frac{\dfrac{F_{\mathrm{R}}}{\pi D}\times\left(\dfrac{\pi D}{Z}-W\right)^2}{12}\times\frac{6}{(Nba^2)} \tag{5-2}$$

式中：D 为低压绕组平均直径，m；Z 为撑条数；W 为撑条宽，m；N 为每饼导线数；b 为导线宽，m；a 为导线厚，m。

（3）低压线圈辐向自由翘曲极限力

$$\frac{E}{4}\times\left(\frac{t}{R}\right)^2 \tag{5-3}$$

式中：E 为导线弹性模量 120000MPa；t 为导线厚度，m；R 为线圈平均半径，m。

（4）低压线圈辐向强制翘曲极限力

$$\frac{E}{12}\times\left(\frac{t}{R}\right)^2\times\left(\frac{z^2}{4}-1\right) \tag{5-4}$$

式中：z 为撑条有效支撑数。

（5）线圈轴向弯曲应力

$$\frac{\dfrac{F_{\mathrm{y}}}{\pi D}\times\left(\dfrac{\pi D}{Z'}-W\right)^2}{12}\times\left(\frac{6}{Nab^2}\right) \tag{5-5}$$

式中：D 为绕组平均直径，m；F_{y} 最大线饼轴向力，N；Z' 为垫块数；W 为垫块宽，m。

（6）垫块轴向压缩应力

$$\frac{F_{\mathrm{ay}}}{m\times A_{\mathrm{Z}}} \tag{5-6}$$

式中：m 辐向垫块数量；A_{Z} 垫块面积，m^2；F_{ay} 轴向最大压缩力，N。

（7）低压线圈出线头推力

$$\frac{F_{\text{R}}}{A_{\text{LEAD}}} \tag{5-7}$$

式中：A_{LEAD} 为出头引线截面积，m^2。

（8）结构支撑件端部推力

$$\left|\sum F_{\text{LY}} \sum F_{\text{HY}}\right| \tag{5-8}$$

（四）固有频率计算

图 5-13 所示为双绕组变压器固有频率计算模型，模型采用周对称结构，垫块的非对称形式按照 ABB 研究提出的简化方式进行轴对称处理。

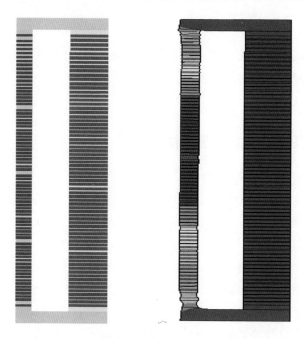

图 5-13 双绕组变压器固有频率计算模型

绕组在短路力作用下的振动方程为

$$[M]\left\{\frac{\text{d}^2 z}{\text{d}t^2}\right\} + [C]\left\{\frac{\text{d}z}{\text{d}t}\right\} + [K]\{z\} = \{F\} \tag{5-9}$$

式中：$[M]$、$[C]$、$[K]$ 分别为单元的质量、阻尼、刚度矩阵；$\{F\}$、$\{z\}$ 分别为单元的力矢量、位移矢量矩阵。

无论是油浸还是干式变压器，绕组受到的摩擦力是不大的，因此忽略式（5-9）中的阻尼项，振动方程可简化为

$$[M]\left\{\frac{\mathrm{d}^2z}{\mathrm{d}t^2}\right\}+[K]\{z\}=\{F\} \tag{5-10}$$

此方程的通解为齐次方程式的通解与特解之和。其齐次方程式为

$$[M]\left\{\frac{\mathrm{d}^2z}{\mathrm{d}t^2}\right\}+[K]\{z\}=0 \tag{5-11}$$

它的特征方程具有下列形式

$$[M]\{\omega^2\}+[K]=0 \tag{5-12}$$

由此得出绕组的固有振荡频率

$$\omega=\sqrt{\frac{K}{M}} \tag{5-13}$$

将各固有振荡频率代入式（5-14）进行谐波分析，即可得到各固有振荡频率所对应的振型。振型求解方程为

$$[M]\{\omega^2z\}+[K]\{z\}=0 \tag{5-14}$$

二、静态机械缺陷特性通用核算模型

（一）通用边界条件设定

从变压器电磁设计及制造工艺角度看，与变压器机械强度相关的参数包括变压器容量、短路阻抗、线圈结构布置形式、导线材料及线规、撑条垫块数量及尺寸、变压器"三紧"（压紧、拉紧、撑紧）工艺。为了计及上述所有参数或工艺在各变压器企业机械系统设计过程中的差异性，并建立一种通用的短路强度校核模型，需要在漏磁场有限元建模，机械力计算方面做如下的考虑：

变压器容量、短路阻抗、线圈结构布置形式对于变压器的漏磁场及电动力的大小和分布有直接的影响，为了准确地计算短路力，在漏磁场有限元模型中以各绕组的线饼为单元建立模型，并按照实际设计情况考虑各线饼所处位置。

在短路力一定的情况下，导线受到的应力大小除了与线圈的结构尺寸、导线材料和线规有关外，还跟撑条和垫块等结构件的数量及尺寸有关。前者属于电磁设计范畴，在应力计算中为不变值；后者则会由于各厂家"三紧"工艺的差异性，导致其设计的撑条数量与有效支撑状态不符，或者实际预压紧力小于设计值，再考虑到工艺本身所具有的分散性，因此在通用的应力计算模型中应该基于一定的裕度进行考核。基于此，在应力计算模型中，按照一半撑条有效支撑考虑，而绕组轴向短路力合力应该比预压紧力设计值小1倍。

（二）核算目标参数与结果分类原则

外部短路包含三相短路（或三相对地短路）、单相对地短路、两相对地短路和两相短路四种。不同短路故障中，三相短路占 8%，单相对地短路占 70%，两相对地短路占 10%，两相短路占 12%。虽然计算中单相对地短路电流超过三相短路电流，但是系统短路容量单相小于三相，通常三相短路还是认为最严重的短路状态。

机械稳定性核算时，应重点开展变压器各侧可承受短路电流及系统各侧短路电流，短路核算时应针对三圈、两圈分别考虑。若有条件，则应该按照实际运行网络阻抗、开关分接位置、限流电抗器等具体参数来计算实际短路电流。在设计中要对变压器在运行过程中各种可能短路情况进行计算，并考虑最严重的运行情况。

短路电流计算时，系统短路阻抗考虑 GB 1094.5—2008《电力变压器第 5 部分：承受短路的能力》要求、阻抗为零（系统无穷大）的两种方式：三圈变压器的短路工况考虑中压三相短路（高压接电源）、低压三相短路（高压、中压接电源）、低压三相短路（中压接电源）和低压三相短路（高压接电源）；两圈变压器的短路工况为低压三相短路（高压接电源）。短路计算时应考虑分接开关位置（最大分接、额定分接和最小分接）。短路电流计算公式如下

$$I_{sc} = 2.55 \times \frac{I_N}{U_k\%} \tag{5-15}$$

短路试验中为预先短路，实际产品运行中多为后置短路。例如某 SFSZ9-90000/220 型电力变压器，短路故障录波图短路电流，换算其峰值系数 $2.0 \times \sqrt{2} \approx 2.83$，KEMA 试验统计峰值系数最大为 3，这与铁芯励磁有关。计算短路电流峰值时，还应考虑断路器的三相非同期合闸会使 $k \times \sqrt{2}$ 增大 10%。

依据机械强度校核模型和导线允许强度，计算各侧绕组在短路电流值（峰值）时对应的各机械应力，分析时应考虑辐向强度、轴向强度，以及对夹件的作用力等。计算过程中应重点关注辐向强度，强制翘曲和自由翘曲应力。

将短路状态下导线受到的应力与各机械应力的许用值进行比较，并根据式（5-16）推导变压器可承受的短路电流

$$I_{scact} = I_{sc} \times \min\left[\left(\frac{\delta_{1act}}{\delta_{1s}}\right)^{05}, \left(\frac{\delta_{2act}}{\delta_{2s}}\right)^{05} \cdots\right] \tag{5-16}$$

表 5-1 给出了各机械特征量的许用值标准。

表 5-1 机 械 校 核 标 准

压缩极限应力	小于 $0.35 \times R_{p0.2}$ 自黏小于 $0.6 \times R_{p0.2}$
拉伸极限应力	小于 $0.9 \times R_{p0.2}$
辐向弯曲极限应力	小于 $0.9 \times R_{p0.2}$
轴向弯曲极限应力	小于 $0.9 \times R_{p0.2}$
垫块、公共压板压缩极限应力	小于 80MPa
出线头推应力	小于 $0.8 \times R_{p0.2}$
夹件端部推力	小于夹件轴向屈服夹紧力
线饼辐向压缩合力	小于强制翘曲极限力
线饼轴向最大压缩合力	小于线饼塌陷极限力
固有频率	大于 2 倍短路力频率

变压器的各侧短路耐受能力取决于变压器的可承受短路电流与系统短路电流的比值，例如变压器某一侧短路耐受能力=该侧可承受的短路电流/该侧系统短路电流最大值。变压器整体的短路耐受能力等于各侧短路耐受能力的最小值，即三圈变压器的短路耐受能力= min{高压侧短路耐受能力，中压侧短路耐受能力，低压侧短路耐受能力}。一般来说，三圈变压器的短路耐受能力主要受限于中压、低压侧；两圈变压器主要受限于低压侧，自耦变压器的短路耐受能力较差。

根据核算结果和变压器产品短路试验的经验数据，参考国家电网有限公司油浸式变压器（电抗器）状态评价导则，以及浙江电网 220kV 变压器机械稳定性分类的应用经验，短路耐受能力由强到弱可分为 A、B、C、D、E、F 六类。

A 类：能够承受 100%以上的短路电流冲击；

B 类：能够承受 90%～100%的短路电流冲击；

C 类：能够承受 70%～90%的短路电流冲击；

D 类：能够承受 50%～70%的短路电流冲击；

E 类：能够承受 40%～50%的短路电流冲击；

F 类：小于 40%。

（三）核算方法及流程

机械稳定性核算模型主要考虑变压器出厂时的设计、材质和工艺相关的因素。

1. 关键方法选择

校核短路电流的选择：变压器出口短路时的短路电流峰值为变压器将要承

受的最大短路电流，因此以该电流作为机械稳定性校核的标准电流。

短路分布力计算方法：变压器漏磁场有限元模型可以兼顾绕组结构上的特征及漏磁场在短路状态下的分布，是准确计算短路分布力的有效方法。

固有频率计算方法：有限元模态分析模型中可以考虑到导线、绝缘支撑的材料性能，还能兼顾到预紧力等工艺的影响，对绕组固有频率的准确计算提供了保障。

2. 校核流程

短路强度校核就是在已知变压器结构参数的前提下，进行产品的极限机械力和实际机械力的分析计算。机械力计算的理论依据是变压器的基本电磁理论和设计理论。其中，变压器短路漏磁场的计算是关键，同时也是计算量较大的部分，它决定了变压器的机械强度校核的准确性，其他部分的计算多是基于该部分的计算结果。校核方法的流程按照图 5-14 所示进行，受力计算按照图 5-15 所示进行。变压器短路校核的主要步骤如下：

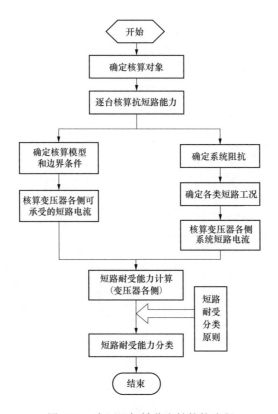

图 5-14 变压器机械稳定性校核流程

（1）变压器短路电流计算。

（2）变压器短路漏磁场计算。

（3）计算各线饼受到的洛伦兹力分布、各绕组受到的轴向、辐向合力。

（4）计算短路强度校核标准，包括绕组自由翘曲、强制翘曲极限力；辐向压缩、拉伸极限力；辐向弯曲极限力；轴向塌陷极限力；轴向弯曲极限力；垫块轴向压缩极限力。

（5）计算绕组在短路状态下受到实际的辐向电动力合力；轴向电动力合力；辐向压缩、拉伸力；辐向弯曲力；轴向弯曲力；垫块轴向压缩力。

（6）计算绕组的固有频率。

（7）根据短路强度校核结果，对变压器的机械稳定性进行分级计算。

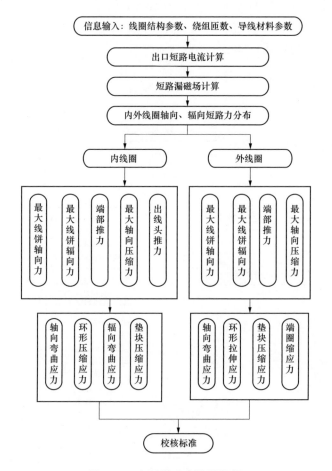

图 5-15　变压器受力计算流程

第二节　动态机械缺陷特性评估技术

一、数据来源

设备抗短路动态评估需要考虑设备初始抗短路电流、系统最大运行方式下的短路电流、绕组变形测试结果和累计短路电流数据，详见表 5-2。

表 5-2　　　　　　　　　　抗 短 路 数 据 来 源

序号	状 态 量 名 称	数 据 来 源
1	初始抗短路电流 I_0	厂家初始抗短路电流核算报告
2	系统最大短路电流 I_d	运方报告
3	短路阻抗测试结果	PMS2.0 试验报告
4	绕组频率响应测试结果	PMS2.0 试验报告
5	扫频阻抗测试结果	浙电 PMS 试验报告
6	主变压器振动测试结果	浙电 PMS 试验报告
7	电气熵值分析结果	辅控系统
8	历史短路电流信息（短路时间、短路电流、短路部位、累计短路电流、累计短路次数）	人工输入

二、机械稳定性动态修正算法

假设设备初始抗短路电流为 I_0，叠加试验和不良工况影响后的修正后抗短路电流为 I_s，系统最大运行方式下的短路电流 I_d，利用 I_d/I_s 的比值来确定设备预警等级：

当 $I_d/I_s<1$ 时，抗短路预警等级结果为正常。

当 $1\leqslant I_d/I_s<1.5$ 时，抗短路预警等级结果为 Ⅰ 级。

当 $1.5\leqslant I_d/I_s<2$ 时，抗短路预警等级结果为 Ⅱ 级。

当 $2\leqslant I_d/I_s<2.5$ 时，抗短路预警等级结果为 Ⅲ 级。

在运变压器有可能遭受的最大短路电流，可按最不利的三相对称出口短路计算，且认为短路正好发生在电压经过零值瞬间，三相出口短路时流过变压器绕组的短路电流峰值 I_d 可根据式（5-17）计算得到。

$$I_d = \sqrt{2}K_d \frac{100}{U_s+U_k} I_N \qquad (5\text{-}17)$$

式中：U_k 为变压器短路阻抗百分数；U_s 为安装地点系统等值短路阻抗百分数；

I_N 为绕组的额定电流；$\sqrt{2}K_d$ 为非对称分量的冲击系数，通常取 2.55。

运行中变压器实际机械稳定性修正算法如式（5-18）所示

$$I_s = K_{CT}I_o = K_C \times K_T \times I_o \tag{5-18}$$

式中：K_T 为绕组变形状态量修正因子，$0 \leqslant K_T \leqslant 1$；$K_C$ 为不良工况修正因子，$0 \leqslant K_C \leqslant 1$；$K_{CT}$ 为变压器机械稳定性动态修正值，$0 \leqslant K_{CT} \leqslant 1$。

变压器机械稳定性的核算研究以变压器生产厂家为主，根据各厂家不同的变压器结构设计和制造工艺，形成了具备各自特点的核算模型。生产厂家核算结果一般以短路电动力、安全系数的形式表述，不能直接用于电网企业控制变压器短路电流。本节通过变压器初始机械稳定性核算模型研究，建立以能承受短路电流值为目标的核算模型。

从变压器电磁设计及制造工艺角度看，与变压器初始机械稳定性相关的参数主要包括变压器容量、短路阻抗、线圈结构布置形式、导线材料及线规、撑条垫块数量及尺寸、变压器"三紧"（压紧、拉紧、撑紧）工艺参数。核算模型中做如下考虑：

（1）漏磁场的有限元建模中，以各绕组的线饼为单元建立模型，并按照实际设计情况考虑各线饼所处位置。

（2）受力分析计算时，主要考虑以下各种应力是否超过许用值，即平均环形应力、内绕组翘曲极限应力、内绕组辐向弯曲应力等辐向应力和轴向压缩应力、轴向弯曲应力、外绕组倾斜极限应力、低压绕组出头应力等轴向应力不超过不同类型绕组的许用值。

机械稳定性核算目标是变压器绕组可承受短路电流值。进行短路电流计算时，将短路状态下导线受到的应力与考虑裕度的各机械应力许用值进行比较，采用迭代的方法核算各绕组可承受的短路电流值，初始机械稳定性核算模型见图 5-16。

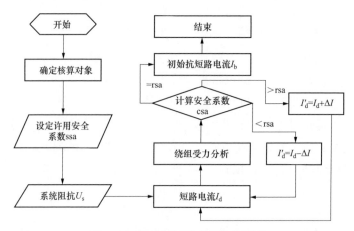

图 5-16　初始机械稳定性核算模型

三、绕组变形状态量影响因子 K_T

长期运行后的变压器，一方面在运行温度的作用下，绝缘垫块、压板等有机材料会存在不同程度的收缩；另一方面在运行振动力的作用下，受力不均匀性也会逐渐变大；因此在运变压器的机械稳定性与初始机械稳定性相比，会有所下降。

为及时发现变压器绕组的变形情况，相关研究者研究和开发了不少绕组变形测试方法用以反映变压器内部绕组状态。目前应用在电力部门的绕组变形测试项目主要有短路阻抗测试、频率响应测试、振动测试和绕组间电容量测试等，测试结果可用于诊断评估变压器绕组机械稳定性。

基于绕组变形状态量的影响因子 K_T 评估模型如式（5-19）所示

$$K_T = \frac{1}{m}\sum_{i=1}^{m}K_i \qquad (5\text{-}19)$$

式中：m 为已开展的绕组变形测试项目数量；K_i 为某一变形测试结果的修正因子，$0 \leqslant K_i \leqslant 1$。

当某一变形测试项目（如振动测试）未开展时，则该项目的 $K_i = 0$。对于未开展过任何绕组变形测试项目的变压器，$K_T = 1$。

（一）短路阻抗影响因子

短路阻抗是变压器的重要特性参数，直接决定于变压器结构的几何参数。因此，短路阻抗值的变化意味着变压器结构的改变。

将纵向比较法和极值点偏移率法联合应用于短路阻抗测试结果的判断，纵向比较法是指对同一台变压器、同一绕组间、同一分接开关位置、不同时期的阻抗值进行比较。而根据极值点偏移率判据，绕组变形可分为第一变形程度（变形非常严重）、第二变形程度（变形比较严重）和第三变形程度（基本没有变形）。根据短路阻抗值的变化，反映变压器的绕组变形的程度。纵向比较法短路阻抗值变化的量化表达式见式（5-20）。

$$DZ_k = \left| \frac{Z_{k(t1)}Z_{k(t2)}}{Z_{k(t1)}} \right| \times 100 \qquad (5\text{-}20)$$

式中：DZ_k 为短路阻抗变化量；$Z_{k(t1)}$ 为第 1 次短路阻抗测试值；$Z_{k(t2)}$ 为第 2 次短路阻抗测试值。

结合基于极值点偏移率的绕组变形判据，定义短路阻抗值变化量综合因子为 DZ_{kp}。根据运行经验和相关规定 $DZ_{kp} < 2\%$ 表示变压器绕组无变形；$2\% \leqslant$

$DZ_{kp} \leqslant 3\%$表示存在轻微变形的可能性，$DZ_{kp}=2\%$时变压器可承受 80%的额定短路电流，$DZ_k=3\%$时变压器仅能承受 60%的额定短路电流；$DZ_{kp}>3\%$则表示变压器绕组变形明显。DZ_{kp}的数值越大，说明变压器机械稳定性越差。

短路阻抗测试结果的变压器机械稳定性修正因子K_i与DZ_{kp}的关系可用式（5-21）表示

$$K_i = \frac{-0.2}{3}DZ_{kp}^2 + \frac{0.1}{3}DZ_{kp} + 1 \qquad (5\text{-}21)$$

（二）频率响应（扫频阻抗）影响因子

变压器绕组可视为一个由电阻、电感和电容等分布参数构成的无源线性双端口网络，忽略绕组的电阻（通常很小），频率响应测试等值网络可用图 5-17表示。

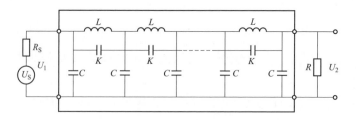

图 5-17　频率响应测试等值网络

L—单位长度电感量；K—单位长度电容量；C—单位长度对地电容量；U_1—等效网络的激励端电压；

U_2—等效网络的响应端电压；U_S—正弦波激励信号源电压；R_S—信号源输出阻抗；R—匹配阻抗

根据二端口网络，变压器内部特性可通过传递函数$H(f)$描述，见式（5-22）。

$$H(f) = 20\lg\frac{|u_2(f)|}{|u_1(f)|} \qquad (5\text{-}22)$$

式中：$|u_2(f)|$为频率为f时响应端电压的峰值，V；$|u_1(f)|$为频率为f时激励端电压的峰值，V；f为频率响应测试频率，通常 10～1000kHz。

如果变压器绕组发生了轴向、径向尺寸变化等机械变形现象，势必会改变网络的L、K、C等分布参数，导致其传递函数$H(f)$的极点分布发生变化。因此可通过比较分析前后两次频率响应测试结果的变化程度来定量判断绕组变形量。相关系数是一种曲线之间相似程度的数学表达方式，相关系数越大，说明曲线的相似程度越好。

研究表明，频率响应测试结果中频段（100～600kHz）的相关系数对反映变压器绕组是否变形最为灵敏。依据相关标准，正常绕组的相关系数$R_{MF}>1.0$；$0.6 \leqslant R_{MF} \leqslant 1.0$ 时变压器绕组存在轻微变形，$R_{MF}=1.0$ 时变压器可承受 80%的额定短路电流，R_{MF}=0.6 时变压器仅能承受 60% 的额定短路电流；R_{MF}＜0.6 时变压器绕组存在明显变形。

频率响应测试结果的变压器机械稳定性修正因子 K_i 与 R_{MF} 的关系，以及扫频阻抗测试结果的变压器机械稳定性修正因子 K_i 与极值点偏移率 P_L 和 P_H 的关系可用式（5-23）表示

$$K_i = 0.9749 \times R_{MF} 0.7177$$

$$K_i = \frac{2}{3}\left(\frac{4}{P_L}\right)^{0.05}\left(\frac{3}{P_H}\right)^{0.05} \tag{5-23}$$

（三）振动和电气熵特性影响因子

变压器绕组松动或变形等机械结构参数的改变，必然会导致变压器本身的机械结构动力学性能和电气参数发生变化，因此可通过联合变压器振动特性和电气信息测试来表征和诊断其绕组是否存在变形情况。

变压器绕组的振动主要由电流流过绕组时在绕组间、线饼间、线匝间产生的动态电磁力引起，其振动信号可通过绝缘油传至油箱表面。如果某一绕组发生变形、位移或崩塌，那么绕组间压紧力会发生改变，绕组安匝的不平衡加剧，机械力增大，漏磁场分布发生改变，使得绕组振动的非线性增加，振动信号的频率特征也随之变化。

除直流偏磁等因素的影响外，正常变压器振动信号的所有谐波频率都应是 100Hz 整数倍。定义频率为 f 的谐波比重 P_f 为

$$p_f = \frac{E_f}{E_{f=100Hz} + E_{f=200Hz} + \cdots E_{f=2000Hz}} \tag{5-24}$$

$$E_f = w_f^2 A_f^2 \tag{5-25}$$

式中：f = 100、200、$\cdots$、2000Hz；A_f 为频率为 f 的振动谐波幅值大小；w_f 为频率为 f 的权重系数。

根据大量老化和异常变压器的测试数据分析，发现振动信号中高频分量与变压器异常或故障的相关性较大。因此，为了突出振动信号高频分量对诊断结果的影响，定义频率 f 的权重系数为

$$w_f = f / f_{max} \tag{5-26}$$

式中：f_{max} 为最大频率值，取 2000Hz。

当变压器绕组出现异常变形时，绕组振动的非线性增加，即振动信号频率的复杂性也随之增加。因此，可通过变压器振动信号频率成分复杂度 FCA 来反映信号中频率成分的复杂性。

$$FCA = -\sum_{f=100}^{2000} p_f \ln p_f \tag{5-27}$$

FCA 值越小，表明油箱壁振动能量越集中于少数几个频率成分；反之，能量越分散。

研究表明：$FCA < 1.7$ 说明绕组状态正常；$1.7 \leqslant FCA \leqslant 2.1$ 说明绕组可能存在变形，$FCA = 1.7$ 时变压器可承受 80%的额定短路电流，$FCA = 2.1$ 时变压器仅能承受 60%的额定短路电流；$FCA > 2.1$ 说明绕组存在明显变形。

通过筛选、重构最终形成电流、电压、电流差、电压差四类共计 30 个数据指标，并计算得到了电压、电流序列归一化后的排列熵 $H\,(m,\,\tau)$。

基于振动和电气熵特性测试结果的变压器机械稳定性修正因子 K_i 与 FCA 和排列熵偏差 ΔH 的关系可用式（5-28）表示

$$K_i = -1.89\ln(FCA) + \Delta H \tag{5-28}$$

（四）绕组间电容影响因子

变压器几何结构决定了变压器绕组间的电容量，温度、湿度对绕组间的电容量测试结果的影响较小，可忽略不计。因此可通过分析变压器绕组间电容量的变化，来反映变压器绕组的变形程度。研究结果表明：

（1）对于遭受过出口短路的变压器来说，若其绕组电容量变化很大，说明该绕组已存在明显变形；若电容量变化不大，一般来说该绕组基本无变形情况。但需要指出的是，如果与之相邻的绕组发生了变形，引起绕组间相对位置发生了变化，该绕组的电容量也会发生明显变化。

（2）如果变压器绕组电容量的变化超过 15%（除平衡绕组外），变压器绕组变形可能已经比较严重，变压器仅能承受 60%的额定短路电流。

（3）如果变压器绕组的电容量变化在 10%左右，则绕组有可能是中度偏轻变形，变压器可承受 80%的额定短路电流。

（4）如果变压器绕组的电容变化量在 5%以下，表明该变压器绕组状况良好。

定义绕组间电容变化量 DC 为

$$DC = \left| \frac{C_{(t1)} - C_{(t2)}}{C_{(t1)}} \right| \tag{5-29}$$

式中：DC 为绕组间电容量变化量；$C_{(t1)}$ 为第 1 次绕组间电容量测试值；$C_{(t2)}$ 为第 2 次绕组间电容量测试值。

绕组间电容量测试结果的变压器机械稳定性修正因子 K_i 与 DC 的关系可用式（5-30）表示

$$K_i = -0.04DC + 1.2 \qquad (5\text{-}30)$$

四、不良工况修正因子 K_C

投入电网运行的电力变压器，难免会经历不同类型、不同严重等级的不良工况。不良工况是指设备在运行中经受的、可能对设备状态造成不良影响的各种特别工况。不良工况严重等级是根据外部应力的强度、累积次数、持续时间等因素进行的严重程度分级。变压器的不良工况主要有过负荷、外部短路、操作过电压、过励磁及异常工作环境（含地震、洪涝、强风、高温、低温、覆冰等）等 5 种。这 5 种不良工况中，外部短路不良工况的电流幅值及短路次数直接影响着变压器的机械稳定性。

变压器外部短路时绕组所承受的电动力与短路电流的平方成正比关系，考虑外部短路对变压器机械稳定性的累积效应，定义不良工况影响因子 K_C 与短路电流的关系用式（5-31）表示

$$K_C = 1 - \frac{\sum_{i=1}^{n} I_i^2}{3I_b^2} \qquad (5\text{-}31)$$

式中：I_i 为第 i 次外部短路电流峰值，kA；I_b 为初始抗短路承受能力电流峰值，kA；n 为外部短路次数。未承受过任何等级的外部短路不良工况，$K_C = 1$。

五、动态评估方法

将提出的变压器整体机械稳定性评估方法应用于某 110kV 电压等级变压器的机械稳定性评估，动态机械稳定性动态评估系统界面如图 5-18 所示。该变压器型号为 SFSZ8-40000-110，接线组别为 YNyn0d11，额定容量 40MVA，联结组标号为 YNyn0d11。额定电压为 110±8×1.25%/37±2×2.5%/10.5kV，1996 年 02 月投运。

2013 年 10 月例行试验时发现该变压器高（H）-低（L）、中压（M）及地（E）电容偏大，H-L 短路阻抗超标。恢复运行后，对该变压器在负载与空载工况下进行了振动测试。2014 年 3 月再次进行了停电例行试验和短路阻抗测试，测试结果与 2013 年结果基本一致。统计分析了该变压器历年运行工况和相关试验数据，应用以上提出的变压器机械稳定性动态修正算法对该变压器机械稳定性评估如下。

（一）初始机械稳定性评估

以安装地点 110kV 侧系统容量 5000MVA 计，在变压器 H（高压）侧供电、

M（中压）或 L（低压）侧短路时，流过三侧绕组短路电流峰值 I_d 和三侧绕组初始抗短路电流峰值 I_b 计算结果见表 5-3。

图 5-18　变压器动态机械稳定性动态评估系统

表 5-3　　　　　　　　I_d 和 I_b 的 计 算 结 果

短路方式	短路阻抗	I_d（kA）			I_b（kA）		
		H	M	L	H	M	L
H-M	10.07	5.60	14.99	—	4.43	11.84	—
H-L	17.77	3.25	—	30.62	3.25	—	30.62

（二）变形测试影响因子 K_T 评估

对该变压器进行了短路阻抗测试、振动测试和绕组间电容量测试，未进行频率响应测试。依据各项目的测试结果，提取了各测试方法的特征信息，各测试结果下的影响因子 K_T 见表 5-4。

表 5-4　　　　　　　　测 试 结 果 影 响 因 子

测试项目	特征信息	影响因子	m	K_T
短路阻抗测试	DZ_k，2.49（H-L）	0.67		
振动测试	FCA，2.43	0.55	3	0.56
绕组间电容量测试	DC，18.6%（L-H+MV+E）	0.46		

（三）不良工况修正因子 K_C 评估

2012 年 8 月 8 日～2013 年 3 月 13 日，该变压器先后共发生了 8 起 10kV 侧线路过电流保护动作，根据提出的不良工况修正因子计算方法可得，该变压器 8 次短路后的 K_C 为 0.43，见表 5-5。

表 5-5　　　　　　　　　　　不良工况修正因子 K_C 评估

10kV 侧短路相	10kV 侧短路电流峰值 I_i （kA）	10kV 侧初始核算结果 I_b （kA）	K_C
BC	12.01		
BC	10.86		
BC	11.63		
AC	9.937	30.62	0.43
ABC	17.6		
ABC	11.25		
ABC	9.139		
ABC	14.99		

（四）变压器机械稳定性动态修正结果

计算得该变压器机械稳定性修正值为 $K_{CT} = K_C \times K_T = 0.43 \times 0.56 = 0.24$。

因此，经多次短路故障后，该变压器的实际机械稳定性仅为初始为机械稳定性的 24%。

将该变压器返厂解体发现，变压器的低压线圈 A、B、C 三相均存在不同程度的变形，主要是线圈股线扭曲并向中压线圈鼓出、线圈鼓包等。其中 A 相线圈变形从绕组的首端贯穿至末端，B 相扭曲现象从线圈顶部至下 1/3 处，C 相变形发生在撑条支撑位置。

第六章　变压器抗机械缺陷能力提升

电力变压器一旦发生绕组或铁芯振动异常情况，将很容易导致绝缘故障的产生及扩大化，进一步导致电力变压器事故。由于不同制造厂家、运维人员对设备性能的掌握不尽相同，在变压器的生产、运输、安装及运维过程中存在许多不完善的地方，不可避免地在运行中出现各种缺陷。因此，一旦发现电力变压器绕组或铁芯振动异常情况，变压器的预紧力、垫块等会出现松动，变压器的抗短路能力将会下降，需要及时对电力变压器进行大修或更换处理，避免进一步发展成电网事故。按照变压器抗机械缺陷能力提升工作的范围和难易程度，分为整体改造和局部改造。本章将对变压器抗机械缺陷能力提升的设备改造工作进行详细阐述。

第一节　整　体　改　造

对振动检测有问题的变压器，并且存在运行时间长、绝缘老化、抗短路能力较差等问题，现场无法进行整体改造，局部改造无法从根本上解决变压器存在的问题，建议选择返厂整体改造。

返厂采用自黏性换位导线，按照目前先进的制造工艺重新绕制线圈，提高变压器抗短路能力，下面分别从材料性能、设计优化与工艺控制方面说明返厂改造的优势。

（1）采用自黏性换位导线。表 6-1 所示为层式绕组的等值平均环形压缩应力极限值，$R_{p0.2}$ 为铜导线的屈服应力值。

表 6-1　　　　　　层式绕组的等值平均环形压缩应力极限值

导线类型	常规导线	非自黏性换位导线	自黏性换位导线
极限应力	$0.35R_{p0.2}$	$0.35R_{p0.2}$	$0.6R_{p0.2}$

由表 6-1 可知导线采用自黏性换位导线后，比早期产品环形压缩力安全性

增大 71.4%。

（2）采用半硬铜导线。导线屈服应力 $R_{p0.2}$ 取值大于 200MPa，特殊产品增大到 220MPa 以上，较早期产品软铜导线在 100MPa 以下，辐向安全性增大 100% 以上，轴向极限倾斜力安全性增大 30% 以上，大大提升产品的安全性。

（3）采用高强度绝缘纸板撑条、垫块、绝缘筒等绝缘件。使器身弹性系统刚性远大于早期产品，减少短路时线圈的振动值，提高产品的安全性。

（4）增加特硬纸板绝缘筒。特硬纸板各线圈内径侧通过撑条支撑在加厚特硬纸板绝缘筒上，保证线圈"骨架"坚固，如图 6-1（a）所示。相对于图 6-1（b）所示的传统绝缘纸筒搭接工艺，特硬纸板绝缘筒的耐受环向挤压能力有较大提高。

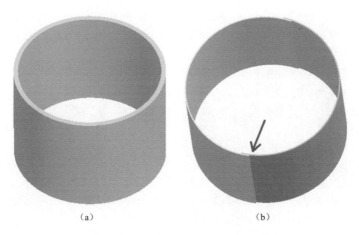

图 6-1　电力变压器纸板绝缘筒示意图

（a）特硬纸板绝缘筒示意图；（b）传统绝缘筒搭接示意图

（5）器身压板增加副压板结构。传统压板结构是单一整体压板，如图 6-2（a）所示，压钉下部局部应力较大，图 6-2（b）所示为增加副压板结构以后的结构示意图，该结构可以有效提高压板强度，增大轴向压紧力，从而提高变压器的抗短路能力。

保证变压器突发短路承受能力，严格控制线圈达到"三紧"，即线圈绕紧、套紧、压紧，相对 20 年前的工艺，提高较大，变压器短路承受能力已有明显提升。

（6）线圈绕制过程使用带张紧装置的立绕机，如图 6-3（a）所示，以及带轴向及幅向压紧装置的卧绕机，如图 6-3（b）所示。所有放线架带有张紧装置，保证线饼绕制的紧实度，确保线圈外径尺寸。

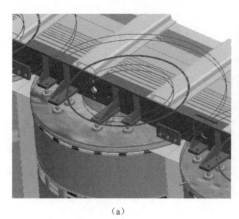
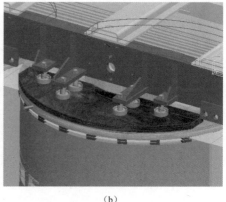

（a） （b）

图 6-2 电力变压器器身结构示意图

（a）传统单一压板器身结构示意图；（b）增加副压板器身结构示意图

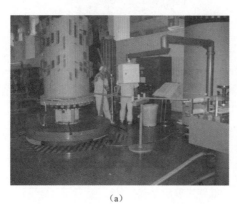

（a） （b）

图 6-3 电力变压器线圈绕制机器

（a）带张紧装置立绕机；（b）带轴向及辐向压紧装置卧绕机

（7）套装紧固。采用德国进口乔格剪切线，如图 6-4 所示。硅钢片剪切下料时严格控制毛刺，毛刺精度不大于 0.02mm，严格控制芯柱外径尺寸，保证线圈组与芯柱之间套装紧实。

器身采取整体套装工艺，内绕组保证撑紧，各撑条不得悬空，严格控制每对线圈的装配间隙。

（8）器身压紧。采用机械轴向压紧机，各线圈施加合理压紧力，保证线圈及器身压紧。图 6-5 所示为器身压紧用的器身压紧机和恒压压板。

更换抗短路能力较差的线圈，采用高强度导线及自黏换位导线，合理调整绕组安匝分布，铁芯柱圆整化，内撑条加倍，绕组绕制采用带张力拉紧装置的立绕机绕制，采用线圈干燥、相套装干燥、器身干燥三次干燥工艺等方法。

（a）　　　　　　　　　　　　（b）

图 6-4　电力变压器铁芯剪切装置

（a）全自动铁芯横剪线；（b）铁芯片自动步进堆垛系统

加强后绕组的动稳定最小安全系数完全可以提高到 1.4 以上。

（a）　　　　　　　　　　　　（b）

图 6-5　电力变压器器身压紧机器

（a）器身压紧机；（b）恒压压板

整体改造可以对很多结构进行改进，安全系数会提高很多，但受制于现场环境因素和缺少必要的工器具，变压器整体改造需要返回厂内，返修时间较长，费用相对较高。

第二节　局　部　改　造

局部改造是现场具备条件可采用的提升变压器抗机械缺陷能力的方式，该方式可避免返厂改造周期长、费用高等问题。常用的方法有两种：外部串联限流电抗器、增加压板。

1. 外部串联限流电抗器

因返厂改造，周期长、费用高，对运行的电网变压器确有困难。对现场改造提升安全系数不明显的变压器，可采取在中压或低压侧外部线端串联一个限流电抗器，以增加线路阻抗值，限制短路电流，同样达到提高抗短路能力和水平的目的。

对于已经投运多年、在事故多发的线路上运行的变压器，在其低压或中压出线侧，串限流电抗器可减小可能出现的最大短路电流值。图 6-6 所示为串电抗器的原理图和变压器低压侧出线串抗效果图。

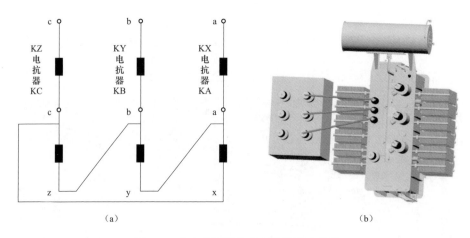

图 6-6   电力变压器外部串联限流电抗器

（a）电抗器 CKS-2700/10.5 型示意图；（b）两线圈变压器低压侧出线串抗效果图

（1）限流电抗器主要技术参数的选定原则：

1）限流电抗器几乎没有过负荷能力，电抗器持续工作电流应按回路最大工作电流选择。而不能用正常持续工作电流选择。

2）对于变电站母线分段回路的电抗器，应根据母线上事故切断最大一台变压器时，可能通过电抗器的电流选择。一般取该台变压器额定电流的 50%～80%。

3）变电站母线分段回路的电抗器应满足用户的一级负荷和大部分二级负荷的要求。

（2）电抗百分值的选择。在低压侧增加限流电抗器，主要工作集中在电抗器的选择上，选择原则如下：

变压器阻抗标幺值为

$$X_{\mathrm{T}}^{*} = \frac{U_{\mathrm{K}}\%}{100} \times \frac{S_{\mathrm{B}}}{S_{\mathrm{TN}}} \tag{6-1}$$

不带电抗器，短路电流值计算（不计算系统阻抗）：

高压侧短路线电流值

$$I_{\mathrm{sc-hv}} = \frac{1}{X_{\mathrm{T}}^{*}} \times I_{\mathrm{SN}} = \frac{1}{X_{\mathrm{T}}^{*}} \times \frac{S_{\mathrm{B}}}{U_{\mathrm{H}} \times \sqrt{3}} \tag{6-2}$$

折算到低压侧线电流值

$$I_{\mathrm{sc-hv}} = \frac{1}{X_{\mathrm{T}}^{*}} \times I_{\mathrm{SN}} = \frac{1}{X_{\mathrm{T}}^{*}} \times \frac{S_{\mathrm{B}}}{U_{\mathrm{L}} \times \sqrt{3}} \tag{6-3}$$

串 $X_{\mathrm{d}}\%$ 电抗器到低压侧，短路电流值计算（不计算系统阻抗）：

电抗器阻值标幺值

$$X_{4\%}^{*} = \frac{X_{\mathrm{d}}\%}{100} \times \frac{U_{\mathrm{L}}}{\sqrt{3} \times I_{\mathrm{R}}} \times \frac{S_{\mathrm{B}}}{U_{\mathrm{L}}^{2}} \tag{6-4}$$

高压侧短路线电流值

$$I_{\mathrm{sc-hv}} = \frac{1}{X_{\mathrm{T}}^{*} + X_{4\%}^{*}} \times I_{\mathrm{SN}} = \frac{1}{X_{\mathrm{T}}^{*} + X_{4\%}^{*}} \times \frac{S_{\mathrm{B}}}{U_{\mathrm{R}} \times \sqrt{3}} \tag{6-5}$$

折算到低压侧线电流值

$$I_{\mathrm{sc-hv}} = \frac{1}{X_{\mathrm{T}}^{*} + X_{4\%}^{*}} \times I_{\mathrm{SN}} = \frac{1}{X_{\mathrm{T}}^{*} + X_{4\%}^{*}} \times \frac{S_{\mathrm{B}}}{U_{\mathrm{L}} \times \sqrt{3}} \tag{6-6}$$

现以一台 110kV、SFZ8-31500/110 型为例对串抗方案进行说明，基本参数如下：

额定容量：31500kVA；

额定电压：121kV/10.5kV；

联结组别：YNd11；

阻抗：10.5%。

低压侧短路电流及低压绕组安全系数如表 6-2 所示。可知，在 SFZ8-31500/110 型低压侧，串一个电抗率为 5% 的三相电抗器 CKS-2700/10.5 型，可以提高变压器短路阻抗到 15.5%，抗突发短路能力提高 1.59 倍。

表 6-2　　　　　　　　外部串联电抗器短路电流及安全系数对比

串电抗器	短路电流		安全系数	
	短路电流（kA）	减少比例	安全系数	增大系数
不串（$X=0\%$）	16.50	—	0.97	—

串电抗器	短路电流		安全系数	
	短路电流（kA）	减少比例	安全系数	增大系数
串（X=3%）	12.76	23.5%	1.45	0.48（50%）
串（X=5%）	11.11	32.7%	1.59	0.62（64%）

2. 增加压板

变压器运行多年后，因绝缘件长期在油中浸泡会有微小收缩，线圈轴向压紧力会减小，并且收缩不一致，导致线圈圆周方面各点受力并不均匀，有些部位甚至可能不受力。因此，在现场改造时，对上部压紧装置进行微小调整，重新进行压紧，提高变压器的抗短路能力。

目前，电网运行的以前的变压器，其压板结构共有 3 种形式。

1）铁压板，压板材料为钢板。铁压板具有极高的机械强度，不必增加副压板。绝缘件油中浸泡会有微小收缩，在长期运行电动力的作用下，线圈轴向压紧力会减小。现场改造时，调整好端绝缘，采用同步液压地雷压紧机构，重新调整压钉轴向预紧力，使线圈受力均匀，达到原初始状态，提高其抗短路能力。

2）绝缘压板，带副压板。变压器本身带有副压板，保证了其机械强度，改造情况同上。

3）绝缘压板，不带副压板。

（1）增加绝缘副压板方法：

随着变压器工艺改进，为提高端部绝缘性能，压板材料也经历了钢板酚醛布板—层压木—层压纸板的变化过程。绝缘性能越来越好，机械强度越来越差。为保证其机械强度，此次改造增加副压板。增加副压板后，压紧装置调整同上，提高其抗短路能力。

压钉与压板接触面较小，在压紧力长期作用下，压板可能有细微形变造成线圈压紧不均匀，部分失稳，抗短路能力骤降。因此，为保证压板的机械强度，增加副压板，如图 6-7 所示。

首先，将干燥后泡好变压器油的绝缘副压板运至现场，然后对变压器进行现场吊罩，松开压钉。原绝缘压板的结构有单块整圆结构和半圆结构，如图 6-8 所示。

在原压板上端增加二半块绝缘副压板（反 90°放置），如图 6-9 所示。然后进行同步压紧。同时，相间补加钎板，使线圈圆周方向各点受力均匀。该方案可提升抗短路能力约 20%，甚至更好。

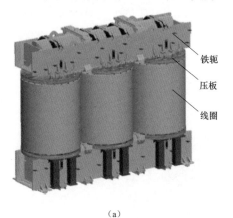

（a）

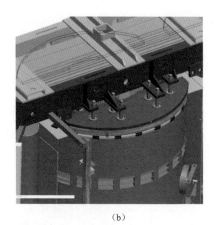

（b）

图 6-7　电力变压器绝缘副压板位置图

（a）变压器内部示意图；（b）副压板示意图

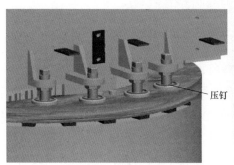

（a）

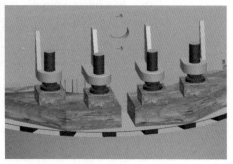

（b）

图 6-8　电力变压器绝缘压板结构示意图

（a）原绝缘压板单块整圆结构示意图；（b）原绝缘压板半圆结构示意图

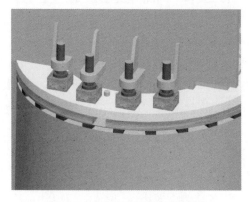

图 6-9　增加副压板结构示意图

（2）增加相间钎板方法。对早期的老变压器，由于使用铁压板，其机械强度较绝缘压板高很多但因为长期运行和冲击影响，可能已失去一部分线圈轴向压紧力，采用现场吊罩检修方式。同时，在线圈上端用同步液压地雷压紧机构，重新调整压钉轴向预紧力，如图 6-10 所示，并补加相间钎板，使线圈圆周方向各点受力均匀，并恢复至出厂受力状态。

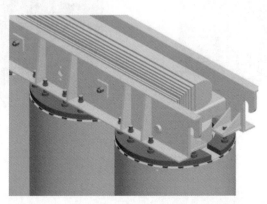

图 6-10　钢压板调整压钉轴向预紧力示意图

通过这种方式现场改造结构，可有效提高线圈的稳定性，特别是轴向稳定性；同时轴向加固，会增加幅向之间的摩擦系数，同样可使其抗短路能力变强。

综合以上改造的方式来看，现场加装限流电抗器及返厂改造，在解决变压器绕组抗短路能力不足问题上更为有效；从经济性方面考虑，现场加装限流器更为经济，但是现场需要一定的占地面积，各运行单位可根据实际情况选择不同的改造方式，来提高变压器抗短路能力。

第三节　高阻抗变压器

从变压器内部实现高阻抗有以下几种方式，分别是：拉大主漏磁空道、绕组排列倒置、分裂绕组、内置电抗器。

1. 拉大主漏磁空道

拉大主漏磁空道方式，线圈布置如图 6-11 所示。

此方法有以下特点：

（1）线圈布置与常规阻抗完全相同，结构简单，技术和制造难度较小。

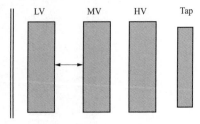

图 6-11　拉大主漏磁空道方式的线圈布置图

（2）中低压绕组间需要大量绝缘以填充间距。绝缘件收缩会降低变压器的抗短路强度。

（3）间接增加了中压绕组、高压绕组之间的主空道，高中阻抗大，辐向漏磁大，在线圈和结构件中造成很大的杂散损耗，引起局部过热，需要注意绕组与相邻结构件的热点问题。解决方案有：增加夹件磁屏蔽和油箱磁屏蔽厚度、部分结构件采用不锈钢、拉板和最小成形片进行多道开槽等。

（4）阻抗越高，经济性越差。

2.　绕组排列倒置

绕组排列倒置方式，通过改变绕组排列的辐向相对位置，使得中低绕组的平均半径、中低空道的平均半径增加，而高中绕组的平均半径、高中空道的平均半径并无增加，这样在增加中低绕组等效漏磁面积的同时，高中绕组的等效漏磁面积并不随之增加，从而实现中低绕组的高阻抗，而依然保持高中绕组的

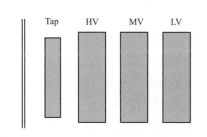

图 6-12　绕组排列倒置方式的线圈布置图

普通阻抗。线圈布置如图 6-12 所示。

此方法有以下特点：

（1）绕组数量不变，结构相对简单。

（2）高压绕组只能端部进线，靠近/紧邻铁芯，绝缘和引线布置复杂。

（3）高压线圈作为内线圈，短路时会受压，需要重点考虑其机械缺陷问题，复合导线很难满足要求，宜采用较高硬度的自黏换位导线绕制。

（4）高压线圈作为内线圈，电感较小，空载合闸时励磁涌流较大。

3.　分裂绕组

分裂绕组方式，通过中压绕组的分裂（即中压绕组一分为二，两部分串联），使得中压绕组的平均半径、中低空道的平均半径大幅增加，从而大幅增加中低绕组的等效漏磁面积，实现中低绕组的高阻抗；而同时，由于高压绕组位于两部分串联的中压绕组之间，高中漏磁组一分为二，形成方向相反的两个漏磁组，等效漏磁面积大幅降低，从而能从一定程度上平衡中压绕组平均半径增加带来的影响，以保持高中绕组为普通阻抗。线圈布置如图 6-13 所示。

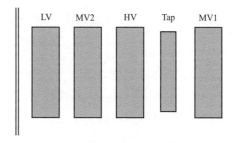

图 6-13　分裂绕组方式的线圈布置图

此方法有以下特点：

（1）主绕组增加，器身布置较复杂。

（2）高压绕组只能端部进线，绝缘复杂。低压侧绕组靠近铁芯，铁芯一般不需要设置地屏。高压绕组处于中低压绕组串联的两部分之间，漏磁密大幅降低，高压绕组所承受的短路应力大幅降低，即使不采用换位导线也可满足其抗短路能力要求。

（3）调压线圈一般内置，引线难度增大。调压绕组处于高、中主漏磁空道之间，调压绕组的涡流损耗应计入高、中绕组的负载损耗计算中。另外，变压器短路时，调压绕组承受着非常大的短路应力，包括拉应力和压应力。因此，从承受短路作用力的角度而言，调压绕组宜采用较高硬度的换位导线绕制。

（4）辐向漏磁大，需要注意绕组及相邻结构件的热点问题。

（5）极限分接阻抗与额定分接偏差较大，短路核算时需要注意。

4. 内置电抗器

国内电力系统常常将电抗器串联于电网中以限制系统的故障电流。这样可以有效地限制电力系统短路故障电流，但不能限制变压器近口的短路故障电流。近口短路电流直接冲击变压器绕组，是变压器可能遭受的最为严重的故障之一。如果将电抗器置于变压器内部，可有效抵御近口短路电流的冲击。

内置电抗器方式，线圈布置和内置电抗器接线如图6-14所示。

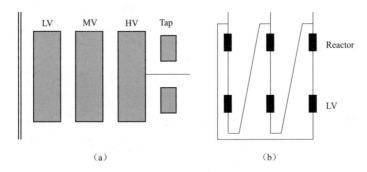

图6-14　内置电抗器方式布置和接线图

（a）线圈布置图；（b）内置电抗接线图

此方法有以下特点：

（1）主器身的绕组及绝缘按常规布置。

（2）在低压侧串联一个限流电抗器，独立于器身，放在油箱内。

（3）电抗器设计，短路和温升要单独核算，需要考虑磁屏蔽。

（4）需要校核低压绕组和电抗器接线处的传递电压。

5. 高阻抗实现方式的比较

几种高阻抗实现方式的产品性能比较见表 6-3，以某 220kV 变压器为例，经济性和成本比较见表 6-4。

表 6-3 产品性能比较

序号	高阻抗实现方式	绝缘及绕组布置	抗短路强度	温升
1	拉大主漏磁空道	绕组正常排序，布置简单；中低线圈间固体绝缘增多	绝缘件收缩量增大，绝缘变松，对线圈的支撑能力降低	绕组内部高漏磁引起绕组及相邻结构件的热点高
2	绕组排列倒置	绝缘布置复杂，端部场强高	高压线圈在内侧，受压缩应力的作用，短路失稳问题	
3	分列绕组	绝缘布置复杂，端部场强高	不同分接阻抗差异大，短路力大	
4	内置电抗器	结构简单	主器身和电抗器分别核算，安匝分布好	一部分漏磁场到器身外部，减少主器身局部过热，降低热点温升

表 6-4 经济性和成本比较

序号	高阻抗实现方式	器身成本（%）	邮箱尺寸（mm×mm×mm）
1	拉大主漏磁空道	117	9100×2650×3500
2	绕组排列倒置	94.5	8600×2500×3350
3	分列绕组	105	8000×2600×3800
4	内置电抗器	95	9000×2350×3200
5	常规阻抗变压器	100	8500×2400×3300

从表 6-4 看出，采用拉大漏磁空道、绕组排列倒置、分列绕组等方式，需要增加变压器尺寸，整体体积比内置电抗器方案大；采用内置电抗器方式需要将油箱的长度增加以放置电抗器。

内置限流电抗器具有以下优点：发挥作用方面，采用低压侧串接限流电抗器的方法，可以有效限制系统的故障电流；绝缘方面，与低压侧串联，绝缘水平低，绝缘布置简单，安全裕度足够；短路强度方面，短路机械力不大，线圈应力控制在较低数值。温升方面，漏磁场通过上下铁轭被局限于电抗器内部。无局部过热产生，电抗器置于油箱下部油温相对低的区域；成本方面，在现有常规变压器基础上改造的成本最低，与常规阻抗变压器造价相仿。设备维护方面，运行业绩良好，运行维护简单，占地面积小。推荐优先采用内置电抗器的方式。